中国味营养胃

姚庆 姜立经 —— 编著

海峡出版发行集团 | 福建科学技术出版社

图书在版编目（CIP）数据

中国味　营养胃 / 姚庆, 姜立经编著. -- 福州：福建科学技术出版社, 2024.8
　ISBN 978-7-5335-7297-6

Ⅰ.①中… Ⅱ.①姚… ②姜… Ⅲ.①饮食 - 文化 - 中国 Ⅳ.①TS971.202

中国国家版本馆CIP数据核字(2024)第098954号

出 版 人	郭　武
责任编辑	林之瑶
装帧设计	吴　可
责任校对	林峰光

中国味　营养胃

编　　著	姚庆　姜立经
出版发行	福建科学技术出版社
社　　址	福州市东水路76号（邮编350001）
网　　址	www.fjstp.com
经　　销	福建新华发行（集团）有限责任公司
印　　刷	福州印团网印刷有限公司
开　　本	700毫米×1000毫米　1/32
印　　张	6.25
字　　数	88千字
版　　次	2024年8月第1版
印　　次	2024年8月第1次印刷
书　　号	ISBN 978-7-5335-7297-6
定　　价	58.00元

书中如有印装质量问题，可直接向本社调换。
版权所有，翻印必究。

我是个土生土长的上海人,35岁之前,除了旅行就没出过上海,却没承想之后会到千里之外的福建省厦门市工作,而且一待就是6年之久,只能说人生的一切有时挺梦幻。我在医院营养科工作,是个注册营养师,除了热爱本职工作之外,还喜欢做菜,也是个"吃货",但我吃东西有个习惯,那就是"喜新厌旧",总想着尝试些新东西,无论是否符合我的口味,都想知道它是什么味道。

我在厦门除了承担营养师的工作,还协管职工餐厅。于是我就萌发了一个念头——在餐厅里完成一份"全国美食地图"。这样既能为患者提供更多的选项,也能让职工品尝全国各地不同的风味。

6年间,我在厨师和伙伴们的帮助下完成了目标,这个过程让我对各省的菜肴都有些许了解。现今,我想以一个营养师的身份和大家一起分享这份"全国美食地图",希望能丰富大家的餐桌,同时也提供一些改良建议,让大家"健康和口福两不误"。

在本书的介绍顺序方面,我将以省份为单位,由东北至西北介绍各省美食。

目 录

黑龙江省特色美食 /1

    锅包肉 /1

    得莫利炖鱼 /4

吉林省特色美食 /7

    熘肉段 /7

    雪衣豆沙 /10

辽宁省特色美食 /12

    酸菜白肉 /12

    小鸡炖蘑菇 /14

北京市特色美食 /17

    炸酱面 /17

    干炸丸子 /20

天津市特色美食 /23

    黑椒蒜子牛肉粒 /23

    八珍豆腐 /26

山西省特色美食 /29

过油肉 /29

山西大烩菜 /31

河北省特色美食 /34

神仙鸡 /34

石锅嘎鱼 /37

山东省特色美食 /40

糟熘鱼片 /40

葱烧海参 /43

陕西省特色美食 /46

腊汁肉夹馍 /46

羊肉泡馍 /49

河南省特色美食 /52

胡辣汤 /52

羊肉烩面 /55

江苏省特色美食 /58

响油鳝糊 /58

大煮干丝 /61

四川省特色美食 /64

麻婆豆腐 /64

甜烧白 /67

重庆市特色美食 /70

重庆小面 /70

重庆火锅 /73

湖北省特色美食 /75

清蒸武昌鱼 /75

热干面 /77

安徽省特色美食 /80

徽州臭鳜鱼 /80

李鸿章大杂烩 /82

浙江省特色美食 /85
西湖醋鱼 /85

龙井虾仁 /88

上海市特色美食 /90
四鲜烤麸 /90

葱㸆大排 /93

云南省特色美食 /96
油焖鸡 /96

过桥米线 /98

贵州省特色美食 /101
凯里酸汤鱼 /101

花溪牛肉粉 /104

湖南省特色美食 /107
东安鸡 /107

剁椒鱼头 /110

江西省特色美食 /113
粉蒸肉 /113

辣椒炒肉 /116

福建省特色美食 /119
姜母鸭 /119

海蛎煎 /122

台湾省特色美食 /125
三杯鸡 /125

卤肉饭 /128

广西壮族自治区特色美食 /131
柳州螺蛳粉 /131

广西柠檬鸭 /134

广东省特色美食 /137
凤城酿节瓜 /137

潮汕海鲜砂锅粥 /140

香港特别行政区特色美食 /143

沙嗲牛肉车仔面 /143

避风塘炒蟹 /146

澳门特别行政区特色美食 /149

葡国鸡 /149

西洋焗马介休 /152

海南省特色美食 /155

椰子鸡 /155

海南鸡饭 /157

新疆维吾尔自治区特色美食 /161

新疆大盘鸡 /161

缸子肉 /164

甘肃省特色美食 /166

兰州牛肉拉面 /166

奶蛋醪糟 /169

内蒙古自治区特色美食 /172

"德兴源"烧卖 /172

蒙古馅饼 /175

西藏自治区特色美食 /178

青稞司康 /178

青海省特色美食 /181

酸辣里脊 /181

清蒸牛蹄筋 /184

宁夏回族自治区特色美食 /187

清蒸羊羔肉 /187

烩羊杂 /189

黑龙江省特色美食

黑龙江省因黑龙江流域而得名。黑龙江流域是由黑龙江、松花江、乌苏里江和绥芬河四大水系组成,黑龙江是流经蒙古、中国、俄罗斯的亚洲大河之一。黑龙江省是中国最北的省份。东北地区冬季寒冷漫长,因炖菜较易保温,所以炖菜比较出名。黑龙江省靠近俄罗斯,两地常有人员往来,所以部分菜系也适合俄罗斯人的口味。此处介绍两道黑龙江省的特色菜肴,锅包肉和得莫利炖鱼。

锅包肉

锅包肉原名"锅爆肉",光绪年间始创自哈尔滨道台府府尹杜学瀛的家厨郑兴文之手。道台府里经常会宴请国外宾客,尤其是俄罗斯客人,由于外国人喜

欢吃甜酸口味,郑兴文用鲁菜"焦炒里脊"的烹饪手法创出了这道"锅包肉"。

主料: 猪里脊肉。

辅料: 胡萝卜、香菜、大葱、姜、蒜。

调料: 植物油、食盐、白糖、白醋、米醋、生抽、料酒、土豆淀粉。

制 作 方 法

1. 猪里脊肉切片,加盐和少量料酒抓匀,土豆淀粉加适量水调成淀粉糊,加入肉片抓拌挂糊。2. 大葱、姜、胡萝卜切丝,蒜切片,少许香菜梗切段。3. 小

碗中放白糖、白醋和米醋,加入食盐,以及少许生抽提色,酱汁调匀备用。4. 锅内倒入植物油,温度达到150~170℃时放入腌制的肉片,炸熟捞起,油温再升到

180℃时放入肉片复炸后捞出备用。5.锅内留少量底油,下入大葱、姜、蒜和胡萝卜,稍微煸炒后放入炸好的肉片和调好的酱汁,快速翻炒后放入香菜段即可出锅。

烹饪小诀窍

1.猪里脊肉切片后可以放在清水内泡15分钟去除血水,然后再腌制。2.白糖、白醋和米醋按照1∶1∶1的比例调配,酸甜口味会比较纯正。3.初次炸时肉片需一片片下锅以防粘连。

营养师小建议

1.饭店烹饪时复炸肉片是为追求口感的酥脆,在家做时可以省略复炸的步骤,降低烹饪过程中因高温引起的营养损失。2.这道菜是"大酸大甜"的口味,会用到较多白糖,从健康角度考虑,我们可以减少糖和醋的用量,使口味更温和,或者用代糖替代白糖。最新的代糖阿洛酮糖优点很多,缺点就是贵,读者可以酌情搭配使用白糖和代糖。

得莫利炖鱼

黑龙江省哈尔滨市郊区方正县得莫利镇有个得莫利村,"得莫利"一词来自俄罗斯语的音译。由于这个村北临松花江,旧时这里的村民主要靠捕鱼维持生计。得莫利炖鱼是村里的特色菜肴,当地人一般使用松花江里的鲤鱼制作。

主料:鱼。

辅料:老豆腐、粉条、花椒、大料、大葱、姜、干辣椒。

调料:植物油、生抽、老抽、黄酒、食盐、鸡精。

制作方法

1. 把鱼清洗干净,用冷水浸泡粉条,老豆腐切片,大葱、干辣椒切段，姜切片。**2.** 锅内放凉水加盐，老豆腐焯水后捞出备用。**3.** 锅内放入植物油，油温达到200℃时下入鱼，全程用大火煎。鱼身一面的皮煎至定型后翻面，煎另一面时放

入花椒、大料、大葱段和姜片一起煎香。**4.** 加入生抽、黄酒烹香后加热水，再加食盐和干辣椒段，放少许老抽调色，大火烧开放入老豆腐，加盖小火慢炖30分钟。**5.** 炖足30分钟后加入泡好的粉条，再加盖炖煮5~10分钟。**6.** 加少许鸡精提鲜，随后出锅。

1. 这道菜在北方使用的是鲤鱼，鱼肉厚不易入味，烹饪前需将鱼身用"一字刀"刀法划开，开口间隔一指宽，背部深划，腹部浅划。**2.** 煎鱼必须热锅凉油，不然鱼皮容易粘锅。

营养师小建议

1. 得莫利炖鱼因炖煮时间较久，出锅时汤汁收得比较浓稠，因此加盖炖煮前的调味需要清淡一些，不要一次就加足咸味，不然出锅时汤汁就会太咸，盐分过多。2. 炖菜的辅料既有豆腐又有粉条，比较丰富，如果再多加些适宜炖煮的蔬菜，那营养就更平衡了。3. 得莫利炖鱼是一道"下饭菜"，最佳搭配是北方的贴饼子。北方菜量较大，建议3~4人同食，不然容易胖哦！

吉林省特色美食

吉林省是大米、玉米之乡，菜肴主要有三大特点：油大、盐多、菜量大。当地人口味普遍偏重，基本上每道菜都较咸。我身为营养师自然不推崇"油大盐多"，所以本书从众多吉林菜肴中选择了熘肉段和雪衣豆沙这两道较清爽的菜肴。

熘肉段

熘肉段是东北地区的传统名菜，无论是寻常百姓家还是饭店都做这道菜。但是"有做"不一定"会做"，将成品做到外酥里嫩、咸香可口并不是件容易的事。下面我们一起来学习一下，尝试做好这道菜，希望也能让它更健康。

主料：猪前腿瘦肉。

辅料：柿子椒、大葱、蒜。

调料：植物油、食盐、鸡精、生抽、白胡椒粉、黄酒、土豆淀粉、料油。

制 作 方 法

1.将猪前腿瘦肉切成长4厘米、宽2厘米的小段，加食盐、白胡椒粉、黄酒搅拌入味。2.土豆淀粉加水泡2小时后，用沉淀的淀粉团给肉段抓上浆。3.小碗中加水、食盐、鸡精、生抽和土豆淀粉搅匀备用。4.锅内倒油，油温约100℃时下入肉段慢炸，定型后捞出，待油温上升到180℃，复炸肉段，待油面小水泡变少时捞出备用。5.锅里留底油，煸熟柿子椒块后下葱白和蒜片煸香，下入炸好的肉段和调好的酱汁，翻炒收汁后淋料油出锅。

烹饪小诀窍

1. 肉不能选用里脊肉，会有民间俗称的"发柴"口感，如果用梅花肉口感更好。**2.** 腌制肉段时可以加1~2滴麻油调节口味。**3.** 柿子椒可以用手掰成和肉段类似大小的块，更易挥发出蔬菜的清香味。**4.** 炸肉段时需要沿锅转圈下肉，避免粘连。

营养师小建议

1. 熘肉段是一道为了口感需要复炸的菜，在家做时建议省略复炸步骤，以减少营养素损失。**2.** 这是一道肉多的荤菜，为了营养平衡，建议添加胡萝卜、洋葱、木耳等素菜作为配菜，肉和蔬菜可以各占一半。**3.** 出锅前无需淋油依然美味可口。

雪衣豆沙

雪衣豆沙又名雪绵豆沙，据传是清代宫廷菜，创制于乾隆帝做太上皇时，后由御厨回到其家乡吉林乌拉（现吉林省）时传出，之后逐渐在关东大地以及京津地区流传开来。我看其外皮的制作方法，深感现代厨房设备的强大。

主料：鸡蛋、豆沙馅、淀粉、面粉。
辅料：白糖。
调料：植物油。

1. 豆沙馅揉成长条，切成大小均匀的小块后搓揉成圆形。**2.** 取鸡蛋清，用电动打蛋器打发至硬性发泡，标准是插入筷子不倒。**3.** 蛋白霜中加入淀粉和面粉，搅拌成蛋白糊。**4.** 用圆勺盛满蛋白糊,把豆沙球放入中间,包裹上蛋白糊。**5.** 锅中倒油,油温升至100℃时放入蛋白球,炸成浅黄色。**6.** 炸好后装盘,撒适量白糖即可。

1. 搅拌蛋白糊时建议用翻拌的手法,类似搅拌蛋糕糊,不然会消泡。**2.** 用糖霜代替白糖,更能体现雪衣的效果。

营养师小建议

1. 雪衣豆沙内里为豆沙馅,表面为白糖,糖真是不少。建议可将表面的白糖换成烘焙用的天然椰蓉,其虽然也有些椰子油和糖,但含有膳食纤维,还能添加一丝椰香。**2.** 甜食需要控制食用量,建议每周一次,不能频繁食用。血糖高者不宜食用。

辽宁省特色美食

辽宁省因"辽河流域永远安宁"之意而得名。当地特产很多，我吃过冻秋子梨，不太懂欣赏，但是丹东草莓还是很好吃的。辽宁省冬天较为寒冷，因此炖菜大行其道。我接下来介绍的两道菜，分别是酸菜白肉和小鸡炖蘑菇。

酸菜白肉

酸菜白肉是以北方的酸菜和猪五花肉为主要食材的一道东北满族菜，口味酸香咸鲜。"酸菜白肉"中的"白肉"指的是白水炖煮的猪肉，白肉在东北的历史很长，满族皇帝祭祀，就爱用白肉当供品。东北酸菜的酸是乳酸杆菌分解白菜中糖类产生乳酸的结果。五花肉偏肥，酸菜的酸起到了解腻增香的作用，搭配也算相得益彰。

主料：猪五花肉、东北酸菜。
辅料：大葱、姜、大料、花椒。
调料：植物油、食盐、白胡椒粉、黄酒、白糖。

1. 猪五花肉凉水下锅，加入大葱段、大料、花椒、黄酒、姜片炖煮45~60分钟后取出切片备用，煮五花肉的汤滤去辅料留用。 2. 东北酸菜清洗去除部分盐分后切丝，锅内放油加大料充分煸炒酸菜丝。 3. 将肉片盖在酸菜丝上，加入煮五花肉的汤后放食盐、少量白糖、白胡椒粉炖煮，炖煮越久越好吃。

1. 酸菜梗（俗称"酸菜帮儿"），偏厚，用刀片成两片，更易出味。 2. 炖煮酸菜白肉时加根汤骨，这样会使汤更美味。 3. 煮熟后的肉用凉开水冲一下，然后进冰箱冷藏2小时，这样肉比较好切，肉切越薄越好吃。

营养师小建议

1. 酸菜盐分含量较高,请一定充分清洗。**2.** 虽然酸菜可以起到解腻的作用,但是五花肉的饱和脂肪酸含量依然较高,对于高血脂的人来说请一定控制食用量`,或者牺牲一些口感,用较瘦的肉炖煮。**3.** 炖煮酸菜白肉的原汤最好撇去浮油。**4.** 建议在炖煮酸菜白肉时加入蘑菇、金针菇、木耳、萝卜等菌菇或蔬菜,少用些五花肉,荤素平衡,减少脂肪含量。

小鸡炖蘑菇

东北曾有句老话说:"姑爷领进门,小鸡吓断魂。"就是说新姑爷陪媳妇回娘家,娘家人一定会做小鸡炖

蘑菇来招待,可见这道菜在东北有很高的地位。我亲自烹饪过这道菜,个人认为其特别之处在于榛蘑的香气,大家有机会可以在家试做一下。

主料: 鸡、榛蘑、粉条。

辅料: 粉条、大葱、香菜、姜、蒜、大料、桂皮、干辣椒。

调料: 老抽、黄豆酱、白酒、白胡椒粉。

1. 鸡切块洗净后冷水下锅焯水,控水备用。

2. 锅里放油,下入少量大料、桂皮和切好的大葱、姜、蒜、干辣椒煸香,加入黄豆酱和温水浸泡后挤干水分的榛蘑,随

后放入鸡块,淋少量白酒增香,加老抽翻炒上色后加开水没过材料,放少量白胡椒粉,炖煮 45 分钟左右。

3. 放入泡好的粉条再炖煮 5~10 分钟,撒上葱花或者

香菜即可出锅。

1. 新鲜或者冷鲜的鸡，切块洗净后直接煸炒，菜肴更美味。**2.** 浸泡榛蘑的水可以加入锅内一起炖煮，滋味更鲜美。**3.** 控制大料和桂皮的用量，不然香料味会过重。

营养师小建议

1. 整只鸡的蛋白质对于一顿饭来说超标了，建议3~5位好友一起分享。**2.** 整道菜的蛋白质和碳水化合物都够了，但是缺少蔬菜，建议添加青椒、茄子、茭白、菜心这类蔬菜，以达荤素平衡。**3.** 建议选用小公鸡这类皮下脂肪较少的品种，只要适当延长炖煮时间即可。白羽鸡的脂肪偏多，不建议选用。

北京市特色美食

北京市古称燕京、北平,是我们伟大祖国的首都,我国的政治中心、文化中心、国际交流中心、科技创新中心,中国历史文化名城。北京市被《福布斯》列为世界第八大美食之城,有很多美食,以前很多做国宴的名厨都来自北京各家饭店,比如著名的八大楼、丰泽园等。我喜欢吃北京的涮羊肉、糖火烧、麻酱烧饼、烤鸭等。这里我要介绍的是北京家常美食中备受人们欢迎的两道菜——炸酱面和干炸丸子。

炸酱面

炸酱面是京味小吃中较有代表性的一种,北京人对于炸酱面的感情还是很深的,对炸酱面的制作也极为讲究,尤其是对于炸酱面的"面码"有很严的标准。

"心里美"萝卜、毛豆仁、绿豆芽、黄瓜丝、生蒜,然后是小碗干炸,缺一不可。我做炸酱面时就不喜欢加生蒜,南北饮食习惯的差异还是很明显的。

主料: 去皮猪五花肉、鲜切面。

辅料: 姜、"心里美"萝卜、大葱、毛豆仁、绿豆芽、黄瓜、圆白菜。

调料: 植物油、黄酱、黄酒、老抽。

制 作 方 法

1. 去皮猪五花肉切成骰子大小的小丁,葱白和姜也切成小丁、小粒。2. 锅内倒油,放入肉丁煸炒,随后加入切好的葱白和姜粒煸炒,炒匀后加入用黄酒稀释的黄

酱一起翻炒炖煮,添加少许老抽增色。炸酱时间至少达到40分钟。3. 鲜切面煮熟后,放上面码("心里美"

萝卜丝、黄瓜丝、圆白菜丝、绿豆芽、毛豆仁)和炸酱,拌匀食用。

烹饪小诀窍

1. 切肉时肥瘦分开切,煸肉时先煸肥肉丁,后煸瘦肉丁。**2.** 煸肉必须热锅凉油,不然会粘锅。**3.** 肉必须煸到锅内油变清亮,不再是浑浊状态,才能彻底去除肉腥味。**4.** 黄酱最好提前用黄酒稀释,增加炸酱的香气。**5.** 炸酱过程中要不停搅拌,防止粘锅烧煳,酱不要炸得太干,需要呈流动状态。**6.** 炸酱出锅前还需要添加一次葱白。

营养师小建议

1. 炸酱里面肥瘦相间的肉,脂肪含量高,可以用香菇、蘑菇代替一部分肉,菌菇的天然香气可以增加酱的香味,还能减少脂肪的摄入。**2.** 有人爱吃生的面码,但建议还是焯水煮熟为宜。**3.** 鲜切面可以考虑用荞麦面代替,增加膳食纤维,使食用者血糖不至于上升过快,也更耐饥。

干炸丸子

干炸丸子是"老北京"的传统美食、年夜饭的必备菜。干炸丸子外焦里嫩,色泽金黄,作为原料还可以做成焦熘丸子、糖醋丸子、丸子白菜汤。我试做干炸丸子时,感觉它出锅第一时间吃的话非常香脆,只是不耐放,吸收水分后口感就打了折扣。

主料: 去皮猪腿肉。

辅料: 大葱、姜。

调料: 植物油、麻油、食盐、黄酱、白胡椒粉、五香粉、料酒。

制 作 方 法

1. 将去皮猪腿肉剁碎,加葱姜水、料酒,放食盐和黄酱,加少量白胡椒粉、五香粉、麻油,加入水搅打上劲后放淀粉搅匀备用。**2.** 锅里放油加热至150℃，将肉馅攥入手中，从手的虎口位置挤出小丸子后，将它们一个个下入锅内。**3.** 将肉丸炸至定

型后捞出，待油温回升到150~180℃，将肉丸回锅复炸，使肉丸彻底炸熟。再次复炸，使肉丸更酥脆。**4.** 捞出控油后即可食用。

1. 去皮猪腿肉要按照"肥3瘦7"的比例调配，比如500克肉中应取350克瘦肉、150克肥肉，且最好是前腿肉。**2.** 剁肉要保留有一定颗粒感，不能让肉成为肉糜状。**3.** 搅打肉馅需要顺时针搅打和逆时针搅打相结合，不能搅打上劲，不然肉丸容易不脆。**4.** 肉酱一定吃足水分，才能达到外脆里嫩的效果。

1. 虽然肉丸3次过油后会很香脆,但是反复高温会破坏食物的营养成分,不建议经常用此类烹饪方式处理食物。**2.** 建议在肉馅中加入荸荠末、胡萝卜末、香菜末、木耳末、香菇末等食材,荤素搭配既能使丸子的口感香脆可口,又能使营养搭配均衡。**3.** 肉馅中的黄酱较咸,不要加太多,可加老抽代替部分黄酱上色,以控制盐分摄入。

天津市特色美食

天津市位于海河流域下游,是国家历史文化名城,自古因漕运而兴起,唐朝中叶以后成为南方粮、绸北运的水陆码头,是军事重镇和漕粮转运中心。因其重要地理位置,餐饮业也很发达。津菜是具有天津风味的地方菜系,历经几百年发展,逐步完善成一个涵盖汉民菜、清真菜、素菜、家乡地方特色菜和民间风味小吃的完整体系。这里我给大家介绍的是黑椒蒜子牛肉粒和八珍豆腐这两道菜。

黑椒蒜子牛肉粒

这道菜是由天津喜来登大酒店第一任中国行政总厨吴连堂师傅创新而成。1989年,吴连堂师傅被派往新加坡喜来登酒店交流学习,"黑椒蒜子牛肉粒"是他在从新加坡回来的飞机上构想出来的。吴连堂师傅反复试做,反复品鉴,最终将此菜定型。当时,这道菜风靡了整个天津城,很多国内名家食客及外国友人都慕名而来,直到今天依然是天津喜来登大酒店的中餐招牌菜之一。

主料: 牛里脊肉、蒜。

辅料: 葱、姜。

调料: 植物油、黄油、黑胡椒碎、老抽、蚝油、白胡椒粉、黑胡椒汁、白糖、黄酒、玉米淀粉、面粉。

1. 将牛里脊肉切粒,大小和蒜仔类似。
2. 肉粒中加葱姜水腌制,然后加蚝油、少量老抽和黑胡椒碎抓匀,加玉米淀粉和面

粉上浆,封油腌半小时。3. 锅内倒油,油温200℃时下入蒜,炸至金黄色捞出备用。4. 油温150~180℃时将蒜一粒粒下入肉粒中,待肉粒炸至定型后捞出,在

油温200℃时复炸肉粒后捞出备用。**5.** 锅内放黄油，倒入蒜末、黑胡椒碎、白胡椒粉、黄酒煸香，加老抽、蚝油、黑胡椒汁和白糖，开大火收汁，放入肉粒和蒜粒，翻炒裹匀酱汁，撒黑胡椒碎出锅即成。

烹饪小诀窍

1. 牛里脊肉需要先用刀背敲打以断纤维。**2.** 腌制牛肉时加少许小苏打可使肉质更嫩滑，但是不宜使其有明显的小苏打味道。**3.** 玉米淀粉和面粉的比例是2∶1，粉的量要大些，要完全包裹肉粒。**4.** 黄油刚入锅炒调料时一定要用小火，不然易煳。

营养师小建议

1. 这是一道热量较高的菜，酱汁里有大量糖和黄油，1~2周吃一次为宜，不建议经常吃。建议将其与亲朋好友分享，使负担更轻。**2.** 建议部分蒜可以换成杏鲍菇、胡萝卜（切粒焯水），杏鲍菇和胡萝卜可以改善菜品的荤素比例，增加蔬菜量。**3.** 酱汁中建议少放些白糖、黑胡椒汁，虽然损失些口感，但是对身体还是有益处。

八珍豆腐

关于八珍豆腐的来历,民间有许多不同版本的说法,但无法确定哪个版本更为准确。既然不知道哪个说法准确,我在这里就不介绍了。选中这道菜主要是因为身为营养师的我看中了它的材料搭配丰富,比较适合改造成符合《中国居民平衡膳食宝塔(2022)》要求的菜肴。

主料: 内酯豆腐、鸡胸肉、猪里脊肉、鱼肉、贝壳肉、黄玉参、熟猪肚、鱿鱼、虾仁、蘑菇、荷兰豆。

辅料: 葱、姜、鸡蛋。

调料: 植物油、花椒油、食盐、白胡椒粉、白糖、黄酒、生抽、蚝油、淀粉。

制作方法

1. 鱿鱼开花刀后切块，便于入味，熟猪肚、黄玉参切块，鱼肉、鸡胸肉切丁，猪里脊肉切片，蘑菇切厚片。2. 肉片和鸡丁加食盐、白胡椒粉、黄酒、蛋液、干淀粉抓匀上浆备用，虾仁和鱼丁的上浆方式与肉片、鸡丁相同。3. 豆腐均匀切成 8 块备用。4. 锅内注水烧开后放入熟猪肚、黄玉参、贝壳肉焯水，然后再放鱿鱼块焯水，全部捞出备用。5. 油温 120℃时下入虾仁和鱼丁滑熟备用，油温 150℃时下入肉片和鸡丁滑熟备用。蘑菇、荷兰豆同时滑熟。6. 豆腐块表面均匀裹上淀粉，待油温达到 180~200℃时开始炸，炸完取出摆盘。7. 锅内留底油，下入葱、姜末爆香，放食盐、白糖、黄酒、生抽、蚝油、白胡椒粉、水，烧开去渣，下入所有食材，炖煮 1~2 分钟入味，收汁勾芡，淋花椒油出锅，倒在摆好盘的豆腐上。

烹饪小诀窍

1. 蘑菇需要热水泡,如此能激发蘑菇香气。2. 鱿鱼容易熟,焯水时一打卷就捞出。3. 豆腐水分大,淀粉需要裹2次。4. 炸豆腐时先不要晃动它,直到豆腐定型再推动并捞出。

营养师小建议

1. 此菜材料极其丰富,非常符合《中国居民膳食指南(2022)》的食物多样性要求,但其中蛋白质类食材偏多,建议将一半食材改成素食,比如山药、茭白、彩椒、冬瓜、荸荠、玉米笋等。2. 过油的食材偏多,可以改用焯水的方式使其变熟,比如虾仁、鱼丁、蘑菇、荷兰豆等都可以用水煮熟。3. 豆腐也可以采用焯水的方式煮熟,但是需要改用老豆腐,因为内酯豆腐焯水时易碎。

山西省特色美食

山西省位于中国华北区域,东与河北为邻,西与陕西相望,南与河南接壤,北与内蒙古毗连。交通发达商业就发达,在中国历史上,晋商稳居全国商帮之首,经营范围涵盖了盐业、票号等行业。乔家大院就在山西省祁县。这里我介绍的是过油肉和山西大烩菜。

过油肉

过油肉是山西经典十大名菜之一。其原本是明朝晋王府里的名菜,在明朝衰亡之后进入了民间。太原有句顺口溜说:"一盘过油肉,两碗白皮面;滴上香蒜醋,赛过活神仙。"这足以看出山西人对过油肉的喜爱。过油肉也随着晋商的脚步走遍了全国。

主料：猪里脊肉。

辅料：蒜苗、洋葱、小木耳、葱、姜、蒜。

调料：植物油、食盐、老抽、鸡蛋清、醋、生抽、白糖、白胡椒粉。

1. 猪里脊肉切片，蒜苗切段，洋葱切块。2. 肉片放盐，用少量老抽上色，再用半个鸡蛋清上浆。3. 锅内倒油。油温升至150~180℃时，倒入肉片滑油后再放入蔬菜辅料一起滑油，捞出备用。4. 锅内留底油，放入葱、姜、蒜煸香，倒入所有食材烹黄酒，放醋、生抽、食盐、白糖、白胡椒粉及少量水，炒匀勾芡出锅。

1. 蒜苗斜刀切段，更易着味。2. 上完浆的肉片需用油封，肉会更嫩滑。3. 菜肴出锅前可以再淋少许醋烹出香气。4. 选用山西的陈醋更美味。

营养师小建议

1. 此菜是通过油传导热量使肉片变熟,营养师建议可以通过将腌制的肉片蒸熟的方式代替滑油,减少油脂的摄入。这样做虽然会牺牲一些香气,但更加健康。**2.** 蔬菜焯水也可以减少脂肪。**3.** 肉已经腌制入味,烹炒时再用到了生抽和醋,调味较浓郁。建议可以不加盐,减少食用者的食盐摄入。

山西大烩菜

烩菜是我国北方人餐桌上最为常见的一种家常菜,因其制作简单、食材丰富、汤鲜味厚而深受人们的喜爱。相传在南宋时期奸臣当道,抗金元帅岳飞被奸臣秦桧等人以莫须有的罪名害死,引起了大臣和百姓的公愤。一些文人志士把经过炸制的菜蔬烩在一起，把食材当做秦桧，食其肉，饮其血。山西的大烩菜由来已久，是节假日餐桌上必不可少的美味菜肴。一家人围坐在一起，品尝美味的大烩菜，享受着浓浓的亲情。

主料：猪五花肉、猪肉糜、白菜、老豆腐、粉条、土豆。

辅料：干辣椒、花椒粒、八角、大葱、姜。

调料：植物油、食盐、白糖、白胡椒粉、十三香、生抽、老抽、蚝油、黄酒。

制作方法

1. 猪五花肉焯水放凉后备用。2. 猪肉糜中加入生抽、老抽、食盐、白糖、白胡椒粉、黄酒搅打均匀备用。

3. 锅内倒油。油温升至 120~150℃时，下入切片的老豆腐和土豆块炸至金黄捞出备用。4. 腌制好的猪肉糜做成炸丸子备用，再炸制备用的五花肉，捞出切片。5. 锅内倒入新油，放干辣椒、花椒粒、八角、大葱爆香后放切好的白菜翻炒，随后在其表面盖上老豆腐、土豆、丸子、切片五花肉，淋生抽、蚝油、老抽，放入十三香、白胡椒粉、食盐，注入热水，加盖炖煮15~20分钟。**6.** 最后加泡好的粉条再炖煮15分钟即可出锅。

烹饪小诀窍

1. 焯过水的五花肉加老抽上色，菜品更美观。**2.** 爆香干辣椒、花椒粒、八角时需要使它们达到微微发烟的程度，如此才能充分释放香气。**3.** 白菜铺上材料后可以先加生抽炖煮10分钟，"逼"出白菜的水分，使白菜更软烂。

营养师小建议

1. 猪肉糜中可以加入马蹄末、香菇末、萝卜丝末，荤素搭配更健康，还能增加口感。**2.** 此菜的碳水化合物和蛋白质偏多，可以考虑减少肉类、粉条和土豆的量，多增加些耐炖煮的蔬菜，出锅前再增加些绿色蔬菜，如此便成为一道搭配非常平衡的菜品，达成"一锅菜就是一顿平衡健康餐"的目标。**3.** 所有的主材料都可以用水炖煮，无需油炸也能完成此菜。

河北省特色美食

河北省是中国唯一兼有高原、山地、丘陵、平原、湖泊和海滨的省份,是中国重要粮棉产区。电视剧中经常出现的"避暑山庄",原型就在河北。承德避暑山庄,又名"承德离宫"或"热河行宫",位于河北省承德市。因河北省的地貌特征较全面,所以飞禽和湖鲜都很丰富。这里我就给大家介绍两道菜,分别是神仙鸡和石锅嘎鱼。

神仙鸡

有人说"神仙鸡"起源于宋代,北宋时期的著名文学家苏洵、苏轼、苏辙父子三人对这道菜赞不绝口。也有人说,这道菜与春秋时期的晋文公有关,是经晋文公品尝获得好评后才流传下来。全国各地有不同版本的"神仙鸡"。不论哪种版本,制作方法都大同小异。

主料:净三黄鸡。

辅料:葱、姜、蒜、洋葱、香芹。

调料:植物油、食盐、白糖、白胡椒粉、蚝油、"味极鲜"酱油、老抽、鸡汁、黄酒。

1. 净三黄鸡用黄酒、老抽、白胡椒粉、食盐、蚝油、姜、葱腌制备用。2. 半碗黄酒中加少许老抽、"味极鲜"酱油、白糖、鸡汁、白胡椒粉配成一份酱汁备用。3. 砂锅内倒油,放入葱、姜、蒜、洋葱煸炒出香味,放上整只鸡,倒入酱汁,盖锅盖中小火焖煮45~60分钟,开锅盖后撒上葱花或香芹末,即可食用。

烹饪小诀窍

1. 三黄鸡完成腌制,封保鲜膜后在冷藏室静置2小时以上,鸡肉才能彻底入味。**2.** 可以在鸡肚子内也放入腌料,使鸡肉内外味道均匀一致。**3.** 黄酒最好用上好花雕酒代替,菜肴香味更加迷人。**4.** 砂锅内煸香各种香辛料后可以铺上一些生五花肉片,增加动物油脂香气。**5.** 砂锅底最好铺上竹箅子,防止煳锅。开锅盖前可以淋少许花雕,可使香气扑鼻。

营养师小建议

1. 三黄鸡已预先腌制,酱汁可少用些调料,兑少量水以减少食用者的盐分摄入量。**2.** 煸炒香辛料并放入鸡之后,可以加入小土豆、茄子、玉米笋、竹笋、香菇这类耐烹煮的蔬菜,不但能增加食物品种,还能添加蔬菜香气。**3.** 鸡出锅的同时,用水汆一些绿色蔬菜覆盖在鸡身周边,起到添色和增加纤维素、维生素的作用。

河北省 特色美食

石锅嘎鱼

石锅嘎鱼是一道历史悠久的邢台地方菜。嘎鱼即黄颡鱼，各地叫法不一。有些地区称其为黄辣丁，上海称其为昂刺鱼，福建称其为黄骨鱼。这道菜还有一个关键点就是石锅。石锅能蓄热，使菜肴在上桌时热气腾腾还"咕嘟咕嘟"冒着泡，让人食指大动。

主料：黄颡鱼。

辅料：葱、姜、蒜。

调料：植物油、食盐、白糖、白胡椒粉、东北大酱、生抽、黄酒。

制 作 方 法

1. 黄颡鱼去除内脏，清洗干净备用。2. 锅内放少

量油,加入东北大酱炒匀,随后依次加入姜片、蒜仔、葱段一起煸炒出香味,淋入黄酒和生抽,加热水后用食盐、白糖、白胡椒

粉调味烧开。**3.** 加入黄颡鱼炖煮15分钟,待熟后即可出锅。

烹饪小诀窍

1. 用80℃左右的热水淋在鱼体表面,去掉黏膜和腥味,再用凉水洗净。**2.** 炖煮黄颡鱼时,前5分钟全程大火,同时不盖锅盖,有利于释放鱼腥味,随后盖锅盖焖煮10分钟。**3.** 出锅前5分钟可以放入浸泡过的粉条,同时用汤汁不断淋鱼身,使其更加入味。**4.** 烧热石锅或者砂锅,将菜肴倒入,同时淋少许辣油,撒些许青蒜段,更添滋味。

营养师小建议

1. 很多人喜欢将鱼煎熟后再烧,感觉菜品会更加美味。其实只要鱼够新鲜,我们处理好腥味,便可以省略煎的过程。这样既可以减少油脂摄入,也可以享受到美味的食物。**2.** 这道菜的大酱中盐含量较高,烹饪过程中食盐不要一次加足,可以在炖煮到一半时尝一下咸淡再决定是否补调料,因为炖煮过程本身就是水分减少、调料浓缩的过程。**3.** 可以添加白菜、海鲜菇、茄子、莴笋、豆腐等辅料,增加食物种类,使营养更均衡。

山东省特色美食

山东省简称鲁,别称齐鲁。山东省在历史上有很多名人,如孔子、孟子、孙子、姜尚(即姜子牙)。除了名人辈出外,鲁菜还是中国八大菜系之一。鲁菜中的名菜有很多,这里我给大家介绍糟熘鱼片和葱烧海参。糟熘鱼片比较家常,葱烧海参虽是高级宴席菜,但是在家里也可以简单复刻。

糟熘鱼片

糟熘鱼片的糟是用香糟曲加绍兴黄酒、桂花卤等泡制酿造而成的香糟卤。传统的糟熘鱼片所用的鱼是黄鱼,但是大黄鱼太贵,小黄鱼不易取肉,所以现在都改用鲈鱼、青鱼取肉。近年来用龙利鱼做糟熘鱼片也很常见,因为此鱼无刺且无腥味,还便于加工,故这里我们就以龙利鱼作为主料进行介绍。

主料：龙利鱼。

辅料：姜、干木耳、鸡蛋清。

调料：植物油、食盐、白糖、糟卤汁、白胡椒粉、黄酒、淀粉、桂花酱。

制 作 方 法

1. 龙利鱼段沿中缝分成2片，斜刀片成3~4毫米厚度的鱼片，清洗后备用。**2.** 鱼片内加入食盐、白胡椒粉、姜片后抓揉均匀入味。鱼片再加少量黄酒和鸡蛋清，抓匀后放淀粉拌匀完成上浆。**3.** 锅内放油。油温升至120~140℃时一片片下入鱼片滑油，待熟后捞出备用。**4.** 锅内放少量油，姜片煸香后倒入糟卤汁和黄酒，加热水、食盐、白糖和桂花酱后搅匀烧开，生粉汁勾芡，加入鱼片和焯熟的木耳，拌匀出锅。

烹饪小诀窍

1. 龙利鱼段中间有一条白色的筋膜,需要去除,以免影响口感。**2.** 片好的鱼片必须用厨房纸吸干水分,便于入味上浆。**3.** 在腌制鱼片的抓揉过程中必须控制力度,不然鱼片会碎。**4.** 黄酒最好用上品花雕酒,可使菜品更美味。**5.** 汤汁需要用老抽调至茶色。**6.** 勾芡过程中需逐步加入生粉汁,汤汁不能过于稠厚。**7.** 出锅前淋葱油,菜品更加美味。

营养师小建议

1. 鱼片上浆时可以用生粉(土豆淀粉)代替淀粉,然后锅内倒水升温到80~90℃时汆熟鱼片。不滑油可以减少脂肪摄入,也便于家庭操作。**2.** 糟汁盐分较大,烧制汤汁时可以不加盐,只要白糖不过多,味道也能保持均衡。**3.** 可以在辅料中加笋片、茭白片这类气味不重的辅料,增加食物品种。

山东省 特色美食

葱烧海参

葱烧海参始于山东，原是京葱扒海参，属于宽汤碗盛的菜品，后经由北京丰泽园饭庄的鲁菜泰斗王义均大师改变烹饪方法，遂变成了现在的葱烧海参。其获奖无数，曾在北京风靡一时，也是国宴菜之一。

主料： 水发的海参、大葱。

辅料： 姜。

调料： 植物油、食盐、白糖、白胡椒粉、生抽、黄酒、鸡精。

制 作 方 法

1. 将水发的海参中间破开后洗净，锅内放水焯一下海参以去除异味，捞出备用。**2.** 大葱切段，长度与数量同海参一致，葱段过油炸至金黄色捞出备用。再切同样数量的葱白丝备用。3.锅内倒少量油,放一半的备用葱丝煸炒至出香味,不要炒煳,加开水放
海参,再加黄酒、食盐、白胡椒粉、鸡精后小火焖煮10~15分钟入味,捞出海参备用。4.锅内倒入少量炸葱白段的油,加入姜片和剩余的葱白丝煸香,加生抽、黄酒、开水和海参,水量与海参平齐,食盐、白糖、白胡椒粉调味,加炸过的葱白段一起焖煮10分钟左右,捞出海参和葱白段装盘。5.锅内剩汤捞除配料,收浓汤汁勾芡淋于海参和葱段上,菜品完成。

1.破开的海参需要去除中间的肠子以减少异味,还需洗去沙。2.大葱只用葱白部分,葱白段打花刀更易入味。葱绿可以熬油或者腌制食材。3.烹饪过程中用到的开水,如果用骨汤一类替代,菜品味道会更加鲜美。4.收浓的汤汁最后出锅前可以淋些葱油,使菜品葱香更加浓郁。

营养师小建议

1. 这是道"功夫菜",葱油用量较大,汤汁的含盐量和含油量都不小。建议尽量少食用汤汁。**2.** 海参自古就被看作滋补佳品,但是仅从蛋白质角度而言,海参蛋白质含量虽高,但质量不高,是胶原蛋白,用营养学术语叫"非完全性蛋白质"。其营养价值比乳清蛋白、大豆蛋白、肌肉蛋白、鸡蛋蛋白要低得多。如果处于需要补充蛋白质的状况,请吃低脂肪含量的瘦肉,红肉、白肉都可以。

陕西省特色美食

陕西省的省会是十三朝古都西安市。《西游记》中唐三藏法师取经的起点城市即西安。陕西省还是中国革命的"摇篮",延安成为"中国革命圣地"。陕西是面食大省,许多面食让我印象深刻,如肉夹馍、油泼面、羊肉泡馍等。这次我就给大家介绍一下腊汁肉夹馍和羊肉泡馍。

腊汁肉夹馍

肉夹馍是中国传统特色食物之一,实际是两种食物——腊汁肉和白吉馍的绝妙组合。陕西地区有西安的腊汁肉夹馍、宝鸡西府的肉臊子夹馍、潼关的潼关肉夹馍,它们各有特色。今天我们介绍的是腊汁肉夹馍。

主料：猪前腿肉、馍饼。

辅料：葱、姜、小茴香、香草、八角、桂皮、丁香、红花椒、白芷、草果、肉蔻、白胡椒粒、百里香。

调料：食盐、白糖、高度白酒、老抽。

1. 猪前腿肉切3指宽的条清洗备用。**2.** 所有辅料放入料包袋，浸泡5~10分钟，去除灰尘杂质。**3.** 大锅内注满水，加老抽调成茶色，加食盐、白糖、高度白酒调味，加入肉和料包袋后炖煮。**4.** 炖煮完成，关火取肉，该肉即腊汁肉。**5.** 买来的馍饼切成2片，但不要完全切开，加入剁碎的腊汁肉即可食用。

烹饪小诀窍

1. 选"肥4瘦6"的猪肉作为主料。切好的猪肉需要用清水浸泡3小时,去除血水和异味。2. 大颗的香料必须拍碎,这样能使香料更出味。3. 如果用骨汤代替开水,腊汁肉味道更鲜美。4. 锅底放箅子,防止粘锅。5. 肉和料包上放不锈钢箅子压重物,防止原料飘起,入味不均匀。6. 炖肉一定要在大火烧开后再用中火慢炖2小时,如此肉便能更美味。7. 炖煮结束,肉出锅前需要浸泡2小时,如此肉才能更入味。

营养师小建议

1. 肉夹馍是碳水化合物与蛋白质、脂肪的完美组合,确实美味诱人,但是热量非常高,多吃不利于身体健康,建议每周吃一次解解馋就够了。2. 吃肉夹馍的同时需要多补充一些绿叶蔬菜,补充各类营养素。3. 如食用较多,建议步行6000~10000步,消耗肉夹馍的热量。

羊肉泡馍

羊肉泡馍，亦称羊肉泡，古称"羊羹"，源自西周。北宋著名诗人苏轼留有"秦烹惟羊羹，陇馔有熊腊"的诗句。因它暖胃耐饥，素为陕西人民所喜爱。羊肉泡馍可以称为陕西名吃的"总代表"。西安人吃羊肉泡馍时讲究亲手掰碎白吉馍，故一些羊肉泡馍店会以食客掰馍的水平来判断食客是否为陕西人。

主料：羊骨、牛骨、羊肉、馍饼、木耳、粉丝、黄花菜。

辅料：姜、葱、桂皮、香叶、肉蔻、红花椒、白芷、小茴香、孜然、草果、白胡椒粒。

调料：食盐、白胡椒粉、鸡精。

1. 羊骨、牛骨、羊肉提前一天浸泡12小时，去除血水和异味。2. 所有辅料装入调料包，浸泡并去灰尘。3. 锅里放满水，加入牛骨、羊骨，烧

开后撇去浮沫，炖煮至汤色微白，加入羊肉和调料包，大火烧开后加少量食盐，小火炖煮2小时。4. 炖煮结束后撇去汤表面的浮油，取出料包、羊肉和骨头，滤除汤渣，留净汤。5. 锅内放羊肉汤，补少量清水，加入掰成小碎块的馍，放泡好的粉丝、木耳、黄花菜及切成片的羊肉，尝过咸淡后补食盐和白胡椒粉调味，中小火煮馍和肉，馍吸饱汤汁后鸡精调味出锅。

1. 浸泡羊骨、牛骨、羊肉时需要换水，才能彻底去除血水和异味。2. 羊骨和牛骨最好选用棒骨，敲断

熬煮后汤味更鲜。**3.** 锅底放箅子,防止粘锅。**4.** 肉和料包上放不锈钢箅子压重物,防止原料飘起,入味不均匀。**5.** 羊肉泡馍出锅前可以加少许青蒜。

营养师小建议

1. 这又是一道碳水化合物与蛋白质、脂肪的"完美"组合的菜肴,建议每周吃一次解解馋就够了。**2.** 泡馍里的馍和粉丝都属于碳水化合物,建议不加粉丝为宜。**3.** 泡馍出锅前可以多加一些绿叶菜,增加蔬菜摄入量。

河南省特色美食

河南省地处黄河中下游，占据着大部分的中原沃野，有着天然农业地理优势的河南是中华民族的发源地和华夏文明的发祥地，"包青天"的开封府就在河南，十三朝古都洛阳更是家喻户晓。一望无际的大平原有利于小麦的大规模种植，面食自然成了河南人的主食，面文化也成了河南饮食的主流文化。我会介绍胡辣汤和羊肉烩面。

胡辣汤

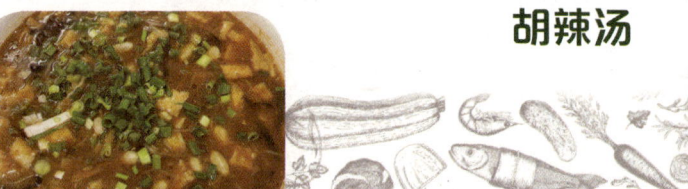

河南特有的一种汤类名吃，麻辣鲜香，营养开胃，河南人常作为早餐，同时搭配油条、葱油饼等面点一起食用。菜名虽带汤字，但因其制作方法会用到面筋，所以也是一种面食，有点类似于面糊糊。

主料：牛肉片、花生米、黄花菜、木耳、海带、香菇丝、平菇、粉条、自制面筋。

辅料：葱、姜、香菜。

调料：植物油、食盐、五香粉、细辣椒面、白胡椒粉、生抽、老抽、黄酒、麻油。

1. 锅内倒少许油，下牛肉片煸炒，加葱、姜末煸炒出香味，加生抽和黄酒略微煸炒后放水。2. 加入泡好的花生米、黄花菜、木耳，再依次加入海带丝、香菇丝、平菇、粉条。3. 用食盐、白胡椒粉、细辣椒面、少量五香粉给汤调味，烧开后用老抽调色。4. 下入自制的面筋，勾芡出锅，淋麻油加香菜即可食用。

烹饪小诀窍

1. 自制面筋是用高筋面粉揉的饧过偏软的面团用水反复搓洗 3 次左右，直到面团微微发黄，保留洗面水。2. 面筋揪成长条一片片放入汤内，面筋口感更滑爽。3. 洗面筋的面粉水用来勾芡，汤顺滑。4. 胡辣汤勾芡后需要炖煮至较稠厚的口感，程度需由个人喜好决定。

营养师小建议

1. 胡辣汤是一道食材比较丰富的菜肴，其中的面筋是用水反复搓洗去除碳水化合物后剩下的植物蛋白质，但是其中的牛肉补充了优质蛋白质，因此营养比较均衡。2. 建议出锅前加些绿叶菜，搭配颜色同时增加更多营养素。3. 胡辣汤里有粉条和面粉水，所以搭配其他主食不宜过多，不然碳水化合物容易过量。

羊肉烩面

烩面是一种荤、素、汤、菜、主食兼而有之的河南传统美食,烩面所用的面为扯面,以优质高筋面粉为原料制成,类似于拉面,但稍有不同。辅以高汤及海带丝、千张丝、粉条、香菜、鹌鹑蛋等配菜,上桌时再外带香菜、辣椒油、糖蒜、辣椒碎等小碟。河南的烩面有羊肉烩面、牛肉烩面、三鲜烩面、五鲜烩面等多种,可分为汤面和捞面,是河南三大小吃之一。这次我们介绍的是羊肉烩面。

主料: 宽面、羊肉、羊腿骨、豆腐丝、黄花菜、木耳、鹌鹑蛋、粉条、青菜。

辅料: 葱、姜、白芷。

调料: 植物油、食盐、白胡椒粉、鸡精。

制作方法

1. 羊肉和羊腿骨清洗干净，锅内放水和葱、姜，将羊肉、羊腿骨焯水去除血水和杂质。2. 焯水后捞出肉和骨头，用温水洗净。3. 锅内重新放水，下入肉和骨头，

加葱、姜、白芷炖煮45分钟，捞出羊肉放凉切片备用，羊腿骨继续熬煮2小时，去骨和杂质留汤备用。4. 锅内倒入羊汤，加黄花菜、木耳、粉条、豆腐丝、鹌鹑蛋、宽面煮2分钟左右，随后用食盐、白胡椒粉、鸡精调味，加入羊肉片、青菜，出锅食用。

烹饪小诀窍

1. 羊肉和羊骨需要提前浸泡2~3小时，并冲洗2~3次才能比较彻底地去除血水。2. 羊腿骨需要敲断，熬制的羊汤才能浓稠。3. 炖煮羊肉和羊骨时最好用砂锅，能较好地保留汤汁。

营养师小建议

1. 河南烩面是一道荤素搭配较合理的主食,可以说一道主食就解决了一餐,可以作为餐桌上的常客。只是羊肉作为红肉,最好搭配些鱼、虾这类白肉,平衡膳食结构。2. 饭后补充水果和酸奶,饮食更科学。

江苏省特色美食

江苏省建省始于清代初年,取江宁、苏州两府之首字而得名。自古就是我国经济最发达的地区之一。扬州盐商富甲一方,府中设家宴,均有私厨掌勺,菜肴讲究选料严谨、因材施艺;制作精细、风格雅丽;追求本味、清鲜平和。我国八大菜系之一的淮扬菜因此发展壮大。"开国第一宴"菜单就是以淮扬菜为主体的。这里我向大家介绍两道家喻户晓的名菜——响油鳝糊和大煮干丝。

响油鳝糊

响油鳝糊的原料是鳝鱼,江苏也称其为软兜长鱼。这是一道江南地区的特色传统名菜,因鳝糊上桌后热油淋入盘中噼啪作响而得名。这道菜讲究以鲜活鳝鱼作为原料,将鳝鱼在现场宰杀后烹制,菜色偏深红,油润而不腻,鲜甜可口。

主料:鳝鱼肉、笋丝。

辅料:葱、姜、蒜、香菜。

调料:植物油、食盐、白糖、白胡椒粉、生抽、老抽、黄酒、淀粉。

1. 锅内放水,加生抽和黄酒搅匀,放入处理好的鳝鱼肉烧煮1~2分钟,去异味入底味,捞出备用,笋丝同时焯水备用。

2. 锅内放油,加葱、姜末和一半的蒜末煸香,放入鳝鱼肉和笋丝,加黄酒、生抽、老抽调色、调味,加水与食材平齐,烧煮1~2分钟。**3.** 加食盐、白糖、白胡椒粉调味,再烧煮1~2分钟入味后,加水淀粉勾芡成鳝糊,出锅装盘。**4.** 鳝糊表面放上剩余的蒜末,撒白胡椒粉,淋热油加香菜末,搅拌后食用。

烹饪小诀窍

1. 煸炒葱、姜、蒜末的油中的一半可以用猪油,这样菜肴更美味。**2.** 如果用鸡汤煮鳝鱼,菜肴口味更佳。**3.** 鳝糊出锅前烹醋,可解腻增香。**4.** 淋鳝糊的热油最好是芝麻油。

营养师小建议

1. 这道淮扬名菜虽然好吃,但是成菜后油较大,建议品尝的频率不要超过一周一次。**2.** 鳝糊中还可以加莴笋丝、胡萝卜丝、茭白丝这类不易出水的蔬菜,增加食材的种类。**3.** 鳝糊和米饭、馒头是好搭档。建议选用粗粮饭或者粗粮馒头与鳝糊搭配食用,添加膳食纤维,平时多运动来消耗热量。

大煮干丝

大煮干丝,又称鸡汁煮干丝或鸡火煮干丝,前身为"九丝汤",也是以讲究刀工、火候著称的淮扬菜的代表作之一。

主料:扬州豆腐干、笋丝、鸡丝、火腿丝、海米、豌豆苗。

辅料:葱、姜。

调料:植物油、食盐、白糖、白胡椒粉、黄酒。

1. 扬州豆腐干切成细丝,浸泡去除豆腥味。**2.** 锅内放少量油,葱白煸香,加水后依次下入笋丝、鸡丝、火腿丝、海米烧煮片刻。**3.** 烧煮15秒,捞出浸泡的豆腐干丝直接放入汤中一起炖煮,加少量黄酒和白胡椒粉调味。**4.** 烧煮至豆干丝软烂，尝味，补食盐和白糖调味后出锅，加上汆水的豌豆苗即可食用。

1. 为豆腐干丝去豆腥味的方式是浸烫法，即将开水加到装豆腐干丝的大碗内，浸泡2~3分钟，然后倒掉热水，如此反复3次，最后一次不从水中捞出。**2.** 火腿先加黄酒和葱姜后蒸煮，然后切丝，海米也需要加黄酒和葱、姜后蒸煮。**3.** 鸡汤代替水来煮豆腐干丝，才能使食客品尝到真正的大煮干丝。将蒸火腿和海米的水加入汤中，可增加汤的鲜度。**4.** 烧煮豆腐干丝过程中需要先后加2次猪油，使汤更加香浓。可以用老抽来调汤色，使其达到微黄的效果。**5.** 在煮豆腐干丝的过程中全程大火，因此汤一定要给足。因为这道菜里有火腿和海米，所以出锅前再决定是否要加食盐，防止太咸。

营养师小建议

1. 这道菜滋味鲜美,但是蛋白质含量较高,建议豆腐干丝可以去掉一半,增加些茭白丝、胡萝卜丝,既可使色彩更丰富,又可以增加蔬菜量。2. 汤中含有不少油脂和钠,建议最好不要食用。3. 多准备些豌豆苗,可以增加绿叶蔬菜的摄入量。4. 肾功能有问题的食客需要甄别自己是否适合食用这道菜。

四川省特色美食

四川省地处长江上游,食材丰富,素有"天府之国"的美誉。川菜为中国传统八大菜系之一,川菜厨师善用香料和调料,故川菜可以说是八大菜系中复合味型最多的菜系。川菜中主要有咸鲜、麻辣、鱼香、姜汁、酸辣、糖醋、芥末、甜香、椒麻等口味,丰富多样,花样百出,这形成了川菜的独特风格。在此我介绍两道自己爱吃的菜——麻婆豆腐和甜烧白。

麻婆豆腐

麻婆豆腐始创于清朝同治元年。那时,在成都万福桥边,有一家"陈兴盛饭铺"。店主早逝,小饭店便由老板娘经营,女老板面上微麻,人称"陈麻婆"。女老板对烹制豆腐有一套独特的烹饪技巧,烹制出的豆腐色、香、味俱全，深得人们喜爱。她创制的烧豆腐，则被称为"陈麻婆豆腐"，故小饭店后来也以"陈麻婆豆腐店"为名。此菜讲究麻、辣、鲜、香、烫、嫩、酥，如今麻婆豆腐远渡重洋，在美国、加拿大、英国、法国、越南、新加坡、马来西亚、日本、澳大利亚等国安家落户，从一味家常小菜变成了国际名菜。

主料： 内酯豆腐、牛肉末。

辅料： 葱、姜、蒜、青蒜、郫县豆瓣酱、干豆豉、红花椒。

调料： 植物油、食盐、粗辣椒面、生抽、老抽、黄酒。

制 作 方 法

1. 红花椒放铁锅中小火焙透，取出晾凉，擀面杖碾压成末备用。2. 锅内加水放食盐，放入切块的内酯豆腐焯水，轻轻捞出备用。3. 锅内放油，加入牛肉末煸香，下入郫县豆瓣酱和干豆豉煸透，加葱、姜、

蒜末和粗辣椒面煸炒,加黄酒、生抽激发香气,补老抽调色,加水后下入焯过水的豆腐。4. 炖煮 3~5 分钟,勾芡后撒青蒜出锅。

1. 郫县豆瓣酱和干豆豉混在一起剁碎,炒制时才能激发香气。2. 炖煮豆腐时加少量白糖和自制花椒面调味,菜肴更美味。3. 勾芡是逐次加入水淀粉的过程,在这道菜的勾芡过程中一般需要加 3 次水,边勾芡边推动豆腐观察汤汁变化。4. 豆腐装盘后最好能撒一遍自制的花椒面,这样麻婆豆腐的味道会更好。

营养师小建议

1. 麻婆豆腐"麻辣烫鲜香酥嫩",不愧是"下饭神器",但是其中的豆瓣酱和豆豉含盐量都比较大,不宜食用过多。2. 炖煮豆腐时不需要加盐,因为菜肴的含盐量已经比较高。3. 最好能搭配水氽或者凉拌蔬菜,减少其他菜肴的油脂和食盐摄入量。

甜烧白

一说到川菜,大家的第一反应就是麻辣。其实川菜中的很多名菜都是不辣的,比如大名鼎鼎的开水白菜、老妈蹄花、鸡豆花、樟茶鸭,我今天介绍的甜烧白也是其中之一,其又名"夹沙肉",是川菜中传统蒸菜"九斗碗"之一。

主料:猪五花肉、豆沙馅、糯米。
辅料:葱、姜。
调料:白糖。

1. 锅内放水加葱、姜,整块五花肉焯水煮到断生,去除血水和杂质,捞出后用温水洗净备用。**2.** 放

凉后运用"夹刀片"的刀法(即一刀不切断,一刀切断)将肉片好,肉中间抹上豆沙馅。**3.** 将准备好的肉按照皮朝下的方向整齐摆放在大碗中,将蒸熟的糯米饭拌入白糖后填满肉上方的空余空间。

4. 蒸锅上汽后放入装满肉和糯米饭的大碗,彻底蒸透。

5. 关火后将碗倒扣于大盘,去掉碗即可品尝美食。

1. 带皮的五花肉需要用喷火器烧去猪毛,然后在温水下用钢丝球清洗表面,直到洗净。**2.** 猪肉要挑比较肥的,口感较好。**3.** 糯米须先浸泡 1 小时以上,然后再蒸。**4.** 蒸肉需要 45 分钟左右,如此才能彻底软烂入味。

营养师小建议

1. 这道菜是肉、豆沙、糯米、白糖的极致组合,一定很美味,但是真的不宜多吃,最好和亲朋好友一起分享,如此负担才不重。2. 肉片与肉片之间可以夹入一些蔬菜,比如香菇片、杏鲍菇片、藕片、笋片。尽量少夹入芋头这类淀粉含量高的食物。3. 糯米中可以混入杂粮,以增加维生素和纤维素。

重庆市特色美食

重庆市,别称山城,是长江上游地区经济、金融、航运、科技创新和商贸物流中心,是西部大开发重要战略支点、"一带一路"和长江经济带重要联结点、内陆开放高地。重庆市饮食的主要特点是麻、辣,以不拘一格使用各种食材创作新菜见长。重庆市亦是火锅的发源地。2007年3月,中国烹饪协会授予重庆市"中国火锅之都"称号。这里我为大家介绍两道重庆的特色美食——重庆小面和重庆火锅。

重庆小面

古时南宋与蒙古对战,战争环境非常艰苦。早春阴冷多雨,南宋的军中伙夫就将面条用油辣子、葱、酱、醋等多种作料调味,帮助将士驱除体内寒气。由此演化而来的重庆小面,用料越来越丰富,成为重庆市街头巷尾都有的一道小吃。重庆小面配料丰富,营养师可以让它更加健康。

主料:面条、猪肉糜。

辅料:葱、姜、蒜、芽菜、花生碎、干豌豆。

调料:植物油、猪油、生抽、郫县豆瓣酱、黄酒、芝麻酱、麻椒油、辣椒油。

制作方法

1. 锅内倒油,小火将郫县豆瓣酱炒香,加入猪肉糜继续煸香、煸透,淋入黄酒去腥,捞出备用。2. 将姜、蒜捣碎备用。3. 大碗中加一小勺芝麻酱、

一小勺猪油、捣碎的姜蒜、一小勺麻椒油、一勺生抽、一勺辣椒油,加热汤拌匀备用。4. 锅内注满水,烧开煮面。5. 将煮好的面放入备好调料的大碗中,铺上炒

制的肉糜臊子,加入花生碎、芽菜、葱花、煮熟的干豌豆。

1. 自制麻椒油拌面更好吃。麻椒油的做法是将鲜青花椒打碎,淋入 120~150℃植物油拌匀备用。**2.** 自制辣椒油的做法是在锅内倒油,将干辣椒炒香打碎,逐步淋入 120~150℃植物油拌匀备用。**3.** 姜和蒜必须用小石臼捣碎,才能充分释放香味。**4.** 芽菜必须炒香才好吃。**5.** 干豌豆最好用电饭煲焖煮。

营养师小建议

1. 重庆小面麻辣鲜香,滋味诱人,就是油稍多,建议每周吃一次即可,不要经常吃。**2.** 重庆小面配料丰富,就是缺少蔬菜,建议增加氽烫的绿叶菜和瓜茄类蔬菜,丰富食物品种,平衡饮食。**3.** 偶尔使用杂粮面代替精面,既可以丰富口感,也能增加膳食纤维。

重庆市 特色美食

重庆火锅

重庆人嗜辣，花椒、辣椒……麻辣鲜香的底料，与形形色色的食材融为一锅，成就大名鼎鼎的重庆火锅味道，故火锅底料就是火锅的"灵魂"。重庆火锅够麻、够辣、口味重，这在全国都是有名的。这里我们不讨论怎么做火锅，身为营养师，怎么让大家面对重庆火锅时吃得更健康是我的责任。

营养师小建议

1. 首先，在选蔬菜时尽量选择各类菌菇、绿叶菜、瓜茄，不要选土豆、红薯这类淀粉含量高的主食型食材。然后在选肉类时，尽量多选瘦肉、鱼片、虾等未经过度加工的食材，少选动物脑、动物肠、动物肾脏等胆固醇含量过高的食材，以及午餐肉、鱼丸、虾丸、贡丸等深加工的食材。**2.** 先吃蔬菜后吃肉。锅中取出的食材温度过高时会伤害食道，需要等降温后食用。**3.** 火锅料碟的油和盐容易超标，尽量少沾。在吃火锅时尽量只吃食材不喝汤，因为汤中油、盐、嘌呤含量均超标。饮料选择无糖的乌龙茶或其他无糖饮料为宜。**4.** 参考《中国居民膳食指南（2022）》的建议，从健康的考虑出发，在吃火锅时最好不饮酒。如饮酒，请控量。成年人每日摄入的酒精量应不超过 15 克。

湖北省特色美食

湖北省位于长江中游,洞庭湖以北,故名湖北。因湖北省靠近洞庭湖,湖鲜较多,故湖北美食以烹制淡水鱼鲜技艺见长。《水调歌头·游泳》中写到"才饮长沙水,又食武昌鱼",可见武昌鱼的鲜美。在此我介绍一下清蒸武昌鱼,还有大名鼎鼎的武汉热干面。

清蒸武昌鱼

清蒸武昌鱼是湖北省的一道传统名菜。其虽名为"清蒸武昌鱼",但不是通过简单的清蒸即可完成的。这道菜通常选用鲜活的武昌鱼为主料,以冬菇、冬笋为辅料,并用鸡清汤调味而成,口感滑嫩,清香鲜美。

主料:武昌鱼。

辅料:冬菇、冬笋、葱。

调料：植物油、食盐、蘸鱼酱汁、黄酒。

制作方法

1. 武昌鱼去内脏，清洗干净备用。2. 用食盐、黄酒略微腌制一下鱼，将冬笋片和冬菇片夹在切好的鱼身中间。3. 蒸锅上汽蒸鱼，蒸完取出鱼，铺上切好的葱花，顺盘边倒入调好的蘸鱼酱汁，淋上热油后即可食用。

1. 鱼身间隔一指宽开花刀，使其更易入味，也能在更短时间内蒸熟。2. 蘸鱼肉的酱汁最好自己用生抽、鸡汤、香菇、少量白糖和白胡椒粉熬煮一下，既可减少盐分，汤汁也更美味。3. 蒸鱼时必须火大水足，到时间就关火，这样鱼肉才够嫩、够鲜美。中等大小的鱼一般蒸 7~8 分钟。

营养师小建议

1. 清蒸鱼是一道比较健康的菜肴,只需控制好蘸鱼酱汁的盐分即可。**2.** 淋热油是为了激发葱花的香气,家庭制作时可以不用如此操作。**3.** 清蒸是比较健康的烹饪方法,建议大家可以多尝试,包括蒸肉、蒸虾、蒸蔬菜等。**4.** 特别提醒,武昌鱼的鱼刺较多,食用时请一定注意安全,或者将主料换成其他品种的鱼。

热干面

热干面是武汉最出名的小吃之一,有多种做法。其选用碱水面为主料,配合多种辅助材料。热干面色泽黄而油润,味道鲜美,是武汉过早(武汉人将吃早餐叫作"过早")的首选小吃。武汉街头有一景,匆匆忙忙的上班族手捧热干面,一边吃一边赶路。

主料:碱面。

辅料:香叶、八角、桂皮、红花椒、陈皮。

调料:食盐、味精、白糖、白胡椒粉、香醋、芝麻酱、麻油、生抽、老抽。

制作方法

1.锅内注满水,水开后放面,面煮熟后捞出拌油备用。2.芝麻酱中加入麻油,调匀。3.锅内放水,将洗净的香叶、八角、桂皮、红花椒、陈皮倒入,熬煮出香气,加食盐、味精、白糖、老抽调色、调味,夫香料后留卤水备用。4.大碗内放3份生抽和1份老抽,调匀备用。5.抖凉的面条回锅稍微烫一下,放少量味精、白胡椒粉、香醋、调好的酱油汁、调好的芝麻酱和卤水，拌匀后配上爱吃的浇头即可食用。

烹饪小诀窍

1. 煮面的水必须多，面条不要煮全熟。2. 面条拌油的同时迅速抖散降温，防止粘连。3. 芝麻酱和麻油按照6∶4的比例调配。4. 蒜末泡水，将蒜水加到调配的酱油汁中，口味更好。

营养师小建议

1. 热干面中面条和芝麻酱的组合热量很高，需控制芝麻酱用量。2. 通常热干面配的浇头都会有萝卜干，这类腌制的食品应尽量少吃，可以多配新鲜的蔬菜，比如茭白丁、莴笋丁、黄瓜丁。3. 热干面作为武汉市民的早餐首选，建议一周吃不超过3次，并在食用热干面后每天坚持步行6000步以上，毕竟热干面的热量不可小觑。

安徽省特色美食

安徽省名取古时安庆、徽州两府首字合成。安徽文化源远流长,由徽州文化、淮河文化、皖江文化、庐州文化四个文化圈组成。徽派建筑的辨识度极高,徽菜更是中国传统的八大菜系之一。这里我就介绍一下徽州臭鳜鱼和李鸿章大杂烩。

徽州臭鳜鱼

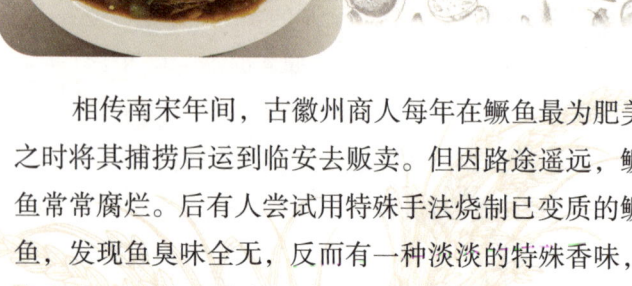

相传南宋年间,古徽州商人每年在鳜鱼最为肥美之时将其捕捞后运到临安去贩卖。但因路途遥远,鳜鱼常常腐烂。后有人尝试用特殊手法烧制已变质的鳜鱼,发现鱼臭味全无,反而有一种淡淡的特殊香味,鱼肉入口鲜嫩有嚼劲,别有一番风味,因而成了一道名菜。

主料：腌制的臭鳜鱼。

辅料：葱、姜、蒜、青椒、洋葱。

调料：植物油、食盐、白糖、白胡椒粉、生抽、老抽、黄酒、郫县豆瓣酱、辣椒油。

1. 锅内倒油后放入腌制的臭鳜鱼，将鳜鱼煎至两面金黄，捞出备用。2. 锅内留底油，将郫县豆瓣酱用小火煸炒，随后放葱、姜、蒜、洋葱煸香，淋入黄酒和生抽，加水，加老抽调色。

3. 将鱼放入汤汁，大火烧开，加食盐、白糖、白胡椒粉调味，加葱段和青椒一起中火炖煮5分钟。4. 大火略微收汁后出锅，喜欢吃辣的人在出锅前可以淋辣椒油。

1. 煎鱼必须用"热锅冷油"。放入鱼后等待15秒左右才能移动鱼身，防止鱼身破皮。2. 煸炒郫县豆

瓣酱前可以先将五花肉丁煸透,如此鱼汤更浓香。3.如果用骨头汤代替清水煮鱼,菜肴更加美味。

营养师小建议

1.这道菜用到了郫县豆瓣酱,含盐量较高,建议调味时不加食盐。2.不建议用汤汁拌饭,因为绝大多数的调料都在汤汁里。3.可以加些蔬菜一起煮,和亲朋好友一起分享这道菜,这样可以一顿吃完这道菜,既享受了新鲜的食材也不至于摄入过量的蛋白质。

李鸿章大杂烩

1896年,李鸿章访问美国,在使馆宴请宾客。因中国菜可口,连吃几个小时,宾客仍未下席。此时,主菜已用完,厨师只得将做菜剩下的边角料,混在一起煮熟,凑成一道菜。宾客尝后连声叫好,并问菜名,李鸿章答:"好吃多吃!"岂料"好吃多吃"与英语中"杂烩"的发音相近,后来此菜便被命名为"李鸿章杂烩"。经过一百多年的改良,现在所做的新式"李鸿章杂烩"材料丰富,咸鲜可口,醇香不腻。

主料: 水发海参、鲍鱼、干贝、鸽蛋、鱼肚、冬笋。

辅料: 火腿、菜心、虫草花。

调料: 食盐、白胡椒粉、清鸡汤、黄酒。

1. 火腿和冬笋切成薄片备用。2. 大碗中放水发海参、清鸡汤,加食盐、白胡椒粉、黄酒调味,蒸锅上汽后蒸10分钟,鲍鱼和鱼肚也如此操作,使

材料提前入味。3. 将所有主料、虫草花、火腿肉依次摆入大海碗,加入高汤,蒸锅上汽后蒸透。4. 菜肴出锅后,点缀上焯过水的菜心,即可食用。

烹饪小诀窍

1. 火腿选择肥瘦相间的中间部位较好。**2.** 火腿和干贝最好提前加黄酒蒸15分钟左右,达到去腥的目的,汤汁可以加在高汤里。**3.** 海参和鲍鱼最好都要改刀或者开花刀,不然很难入味。**4.** 最好将所有材料放入砂锅蒸,这样密封性较好。这道菜蒸的时间要够长,最好在1小时以上,如此菜肴才能软烂鲜美。

营养师小建议

1. 这道菜与"佛跳墙"有些类似,只是高汤的熬制过程比"佛跳墙"相对简单一些,用普通鸡汤即可,但其中也含有较多嘌呤,不建议痛风患者食用。**2.** 食材中有较多高蛋白的材料,建议多增加些素食食材替换鲍鱼、鱼肚、海参这类较名贵的食材,比如花菇、杏鲍菇、竹荪、茭白、白萝卜、白菜等,这样更有家常菜的感觉,且荤素更平衡。**3.** 菜肴整体还是比较健康的,油和盐都不重,食用后没有太大负担。

浙江省特色美食

浙菜是中国八大菜系之一,由杭州、宁波、绍兴和温州为代表的地方菜系所组成。选料追求"细、特、鲜、嫩",菜品讲究精巧细腻、清秀雅丽。烹制海鲜、河鲜有其独到之处。口味注重清鲜脆嫩,保持原料的本色和本味。这里我来介绍一下西湖醋鱼和龙井虾仁。

西湖醋鱼

西湖醋鱼为杭州西湖最负盛名之菜肴,别名为宋嫂鱼,来源于"叔嫂传珍"的故事,是浙江杭州饭店的一道传统地方风味名菜。鱼肉细嫩,带有蟹味,口味酸甜。

主料:草鱼。

辅料：葱、姜。

调料：食盐、镇江香醋、白糖、生抽、黄酒、白胡椒粉、淀粉、老抽。

1. 草鱼去除内脏，洗净后切成左右两片备用。
2. 锅内注满水，加葱、姜和黄酒烧开，下入鱼段，

小火慢煮待鱼熟后捞出装盘备用。3. 锅内重新注水，加黄酒、生抽、食盐、白胡椒粉、镇江香醋及较多的白糖调色、调味，达到自己喜欢的酸甜度，出锅前再用老抽将鱼调成酱红色，缓慢淋入水淀粉勾芡，稀稠度合适时覆盖鱼身。4. 撒上切好的姜米，即可食用。

1. 草鱼需去除腹内黑膜，剪去鱼鳍，用 80~85℃ 的水冲洗鱼身，刮去黑膜，如此才能较彻底地去除鱼

腥。2. 两片鱼的肉段较厚部位需要划开，如此鱼肉较易煮熟入味。3. 鱼身去膜划开后加葱段、姜片和黄酒腌制，进一步去腥提鲜。4. 烧鱼的水不能全开，需要保持冒小水泡的状态，温度大约在85℃，待鱼眼睛泛白凸起即可。5. 熬煮酱汁的过程必须用小火慢煮，不能用大火。

营养师小建议

1. 这是一道较为健康的菜肴，鱼和酱汁都没有用到油，食盐的使用也比较克制，只是一定要控制好白糖用量，可以以酸为主，以甜为辅。2. 因为这道菜用到了整条鱼，所以建议和亲朋好友一起品尝，这样既分享了美食，又控制了蛋白质的摄入量。3. 西湖醋鱼最好再搭配一道绿叶菜和一道什锦蔬菜，确保食物多样性。

龙井虾仁

龙井虾仁，是用活河虾和清明前后的龙井新茶烹制的。据说，清朝乾隆皇帝下江南时，正好是清明节。他游览西湖时，茶农将龙井新茶进献给他。御厨在炒"白玉虾仁"时用到了皇帝带回宫中的龙井茶叶，烧出了这道名菜。

主料：活河虾、龙井茶叶。

辅料：鸡蛋。

调料：植物油、食盐、味精、黄酒、生粉。

制 作 方 法

1. 将活河虾去壳，取出虾肉，清洗备用。**2.** 虾仁放食盐及少量鸡蛋清、生粉腌制备用。**3.** 将龙井茶叶用85℃的水浸泡备用。**4.** 锅内倒油，油温达到100~120℃

时下入虾仁滑油,捞出后控油备用。5.锅内留少许底油,倒入虾仁,烹黄酒,加食盐、味精翻炒,加少量龙井茶水炒匀即可出锅。

烹饪小诀窍

1.虾仁腌制前可加2克小苏打拌匀,然后用流动水缓慢冲30分钟,之后再腌制。2.腌制虾仁前需要用厨房纸吸干水分,便于虾仁入味。3.虾仁滑油时间大约20秒,滑油过程过久虾仁就会失水而不脆嫩。4.炒虾仁最好用葱油。出锅前如果能加新鲜龙井茶叶一起翻炒,菜肴风味更佳。

营养师小建议

1.这是一道清淡爽口的菜肴,整体比较健康。家庭制作时,虾仁可以不滑油,选择用85~90℃的水氽熟。2.可以在虾仁中加入芥蓝片或者彩椒,既可以增添颜色,也能增加蔬菜摄入量。3.总体来说,这是一道值得推荐的菜肴,口味清淡,低脂高蛋白。

上海市特色美食

晋朝时,松江下游一带被称为"扈渎",后又改"扈"为"沪",故上海市简称"沪"。上海市是个典型的移民城市,过去多有江浙两省人来沪定居,因此很多菜都有江浙两省的影子。上海菜给人最深刻的印象即浓油、赤酱和甜,比如糖醋小排、上海熏鱼、本帮酱鸭、葱㸆大排等都具有上述特点,但其实上海菜中还有酒香草头、荠菜百叶卷、冰镇醉鸡、雪菜笋丝、凉拌马兰头这类咸香清爽的菜。不过,既然是介绍上海菜,那就必须要说浓油赤酱和甜的菜品。在此我给大家介绍两道餐桌上出现频率极高的上海家常菜——四鲜烤麸和葱㸆大排。

四鲜烤麸

四鲜烤麸是上海的传统特色菜,也是上海人年夜

饭中必吃的一道凉菜。"烤麸"即"靠夫",在上海有极其特殊的寓意,寓意着家里的男子来年能事业有成。

主料:烤麸、花生仁、干黄花菜、干黑木耳。

辅料:葱。

调料:植物油、食盐、白糖、味精、生抽、老抽。

1.葱去根洗净,葱白切段,葱绿切葱花。2.烤麸切块焯水备用,干黄花菜、干黑木耳温水浸泡30分钟,花生仁煮20分钟后去外皮。

3.锅内倒适量油,煸炒葱白至微黄,下入烤麸和所有配料及生抽、老抽翻炒,待酱油色均匀裹住食材后加入和食材平齐的热水,随后调味,加食盐、白糖、味精,炖煮入味,

汤汁适当收干后撒葱花配色出锅。

1. 烤麸焯水后需挤压去除多余水分，这样烤麸易入味。**2.** 可加一颗八角调整风味，会使菜品有些许肉香，但不可多加。**3.** 可用葱白熬油后再烹饪烤麸，如此口味更佳。

营养师小建议

1. 烤麸属于面筋制品，每 100 克烤麸含植物蛋白质 23.5 克，肾功能不全需限制蛋白质摄入的患者应避免食用烤麸。**2.** 烤麸呈蜂窝状结构，容易吸收汤汁，而汤汁又富含油脂和调味品，故建议在制作本菜品时少加烤麸，多加些蔬菜类配料（如胡萝卜、青椒等），既可以提色，又能让食客多摄入蔬菜，减少油盐的摄入量。从营养师角度看，此建议为四鲜烤麸提供了一种更健康的可能性。

葱㸆大排

葱㸆大排的做法每家都大同小异,但是"三粘"是必须有的步骤,不然就不是上海的葱㸆大排了。这"三粘"的做法颇有些做日式炸猪排的感觉,只是最后一道程序不是裹面包糠。这里说的葱㸆大排和葱烧大排有所区别,两者不同点主要在于葱的用法。

主料:猪大排、香葱。

辅料:鸡蛋、姜。

调料:植物油、食盐、白糖、白胡椒粉、生抽、老抽、黄酒、淀粉、鸡精。

1. 猪大排洗净,控干水分,加姜片、食盐、鸡精、黄酒、老抽拌匀,调味上色,完成上浆。**2.** 腌制完的

猪大排,密封冷藏 2 小时以上。3. 将冷藏后的猪大排放入装有淀粉的盘中,轻轻按压覆盖一层淀粉,随后蘸鸡蛋液,
再重复按压淀粉,备用。4. 锅内倒油,待油温升到 120~150℃,放入猪大排炸制,捞出后控油备用。5. 葱白和葱绿分别装盘备用,锅内留底油,放入姜片和葱白煎透、煎香,盖上葱绿,然后铺上猪大排,猪大排两面均匀刷上由生抽、老抽、白糖、白胡椒粉调制的酱汁,盖上锅盖,调中小火慢慢燢 7~9 分钟,猪大排熟后即可出锅。

1. 猪大排需要先用刀背拍松,用食物剪剪断猪大排边缘的筋膜。2. 腌制猪大排时可以加少量小苏打,基本比例是在 5 块 150 克的猪大排中放入 1.5 克小苏打,还可补少许糖中和小苏打的苦味,这样能使猪大排更软嫩。3. 炸猪大排的时间控制在 5~6 秒,主要目的是锁水。4. 做葱燢大排需要用不粘锅。

营养师小建议

1. 这是一道纯肉菜，猪大排在炸后用中小火慢燺，油和盐都不少，因此建议每次只吃1块，不要超量。2. 汤汁拌饭很美味，但是这道菜的汤汁不太健康，基本都是油，建议少用。3. 这顿饭可以多加水氽各类蔬菜,平衡下油脂。4. 主食可以搭配粗粮米饭，增加膳食纤维。

云南省特色美食

云南省,简称"云"或"滇",是一个多民族的省份。云南菜由滇东北、滇西和滇西南三个地区的菜系特色构成。云南动植物种类数为全国之冠,素有"动植物王国"之称,因此菜系特点选料广,风味多,讲究鲜嫩、原汁原味,酥脆、糯、重油醇厚,熟而不烂。云南菜中用到很多当地出产的香料,很有特色,今天介绍的是原料较易取得的油焖鸡和过桥米线。

油焖鸡

云南油焖鸡的正宗做法需要用到老式铜火锅。寒冷的天气里,油焖鸡里口感"沙沙"的土豆块配上鲜嫩的鸡肉,再加上米椒的辣、油脂的香、铜锅的热……它们全都刺激着你的味蕾,让这道菜成为一道"下饭

神器"。

主料：鸡、土豆。

辅料：姜、蒜、小米椒、八角、草果。

调料：植物油、食盐、黑胡椒粉、生抽、蚝油、生粉。

1. 鸡切块，洗净备用。
2. 鸡块控水后加入姜汁、蚝油、食盐、黑胡椒粉腌制，加生粉拌匀，封油备用。
3. 土豆去皮切滚刀块备用。
4. 锅里倒油，下入鸡肉和土豆中火滑炒沁熟，加八角、草果、小米椒增香提味。
5. 鸡肉和土豆软烂成熟后，加蒜泥和生抽，炒匀出锅即可食用。

1. 鸡肉切块后，清水浸泡 30 分钟，其间换水 2~3 次，去除血水和腥味。
2. 土豆切完后可以先蒸 10 分钟，

后期烹制完口感更软糯,也可以缩短烹制时间。**3.** 滑炒鸡肉和土豆时油量要大,需没过原料。**4.** 出锅前还可以撒白芝麻,加香菜,使这道菜更加美味。

营养师小建议

1. 这道菜确实鲜美,只是油量实在太大,完全靠油制熟,不加水,因此建议 1 个月尝鲜 1 次即可。**2.** 可以考虑使用菌菇和瓜茄类蔬菜代替部分土豆,减少热量。**3.** 最好多人分享,热量负担轻些。

过桥米线

过桥米线有一百多年的历史,是滇南地区的一种特有的小吃,该菜品起源于蒙自地区,是由熬制的汤、多种佐料,还有主角米线组合而成。其讲究"油封面,不见汽,汤滚烫"。这道菜有多个版本的传说,难辨真假,这里我就只介绍做法。

主料:鸡、猪汤骨、鱼片、猪里脊肉片、鹌鹑蛋、米粉。

辅料:葱、豌豆苗、豆芽、韭菜、香菜。

调料:食盐。

1. 鸡洗净,取下胸肉切薄片备用。鸡身其余部分与猪汤骨、草果、八角一起放入大砂锅中,加水烧开撇去浮沫,加盖后用小火炖煮1.5小时左右,加食盐备用。2. 米粉浸泡1小时左右,焯熟过凉水备用,豆芽焯熟备用。3. 将熬好的鸡汤装入大碗中备用。4. 滚烫的鸡汤中依次加入鸡胸肉片、鱼片、

猪里脊肉片、鹌鹑蛋、豆芽、韭菜、香菜、葱段、姜丝、豌豆苗、米粉，待各种原料熟后即可食用。

1. 锅内放虾皮焙透，研磨成粉。取鸡皮下脂肪炸出鸡油。大碗加热，注入鸡汤，放入虾皮粉、白胡椒粉，加入鸡油，做成过桥米线的汤底。2. 装鸡汤的碗最好是能蓄热的石碗，这样才能确保鸡汤是滚烫的，能将食材彻底加热。3. 可以加些辣椒酱，使菜品更美味。

营养师小建议

1. 过桥米线的汤非常美味，只是鸡油多了些，建议吃完米粉和食材后，如果要喝汤，可以撇去大部分油脂。2. 过桥米线食材丰富，添加的材料可按照喜好搭配，建议可以增加些菌菇和豆制品，同时搭配一份水汆绿叶菜，这样的组合营养就比较均衡。3. 蛋白质类的食材可以提前加热，减少食品安全方面的风险。

贵州省特色美食

贵州省属亚热带湿润季风气候区，境内气候温暖湿润，冬无严寒，夏无酷暑。贵州菜肴的一大特色就是酸，贵州民间有"三天不吃酸，走路打蹿蹿"的说法。酸菜的腌制原料和方法很多，但基本是靠生物自然发酵而成，颇具特色。本书介绍的凯里酸汤鱼和花溪牛肉粉都用到了贵州酸菜。

凯里酸汤鱼

凯里酸汤鱼，是贵州省黔东南苗族侗族自治州凯里市的一道特色小吃，属于贵州的"黔家特色菜"。酸汤有两种，红酸和白酸，一般是红酸居多，鱼多选用当地出产的"稻花鲤"或鲇鱼、草鱼，辅以当地特色调料。两者搭配成就了独具风味的酸汤鱼。

主料：鱼。

辅料：葱、姜、蒜、西红柿、绿豆芽。

调料：植物油、食盐、鸡精、黄酒、市售贵州凯里红酸汤、木姜子油、糟辣椒酱。

制作方法

1. 鱼去除内脏，洗净控水，加食盐、黄酒、葱、姜腌制5~10分钟，去除腌料备用。2. 锅内倒油，下入葱白、姜片、蒜、西红柿片煸香。加红酸汤和糟辣椒酱，略微煸炒后加开水，中火熬煮1~2分钟。加食盐、鸡精调味，下入腌制好的鱼，加盖继续炖煮10分钟左右，直至鱼肉泛白彻底成熟。鱼关火出锅前需淋木姜子油。3. 汤碗内垫上水汆的绿豆芽，将锅里的食材和汤汁全部倒入碗内，撒上葱花即可食用。

烹饪小诀窍

1. 这道菜所使用的鱼的种类不限,建议选择鲈鱼、鳜鱼、黑鱼这类土腥味较轻的种类。**2.** 使用整条鱼时,鱼肉厚难入味,建议隔两指宽距离直刀划开鱼肉。**3.** 腌鱼用的葱、姜最好拍散揉碎,如此更能出葱、姜汁,去腥效果好。**4.** 煸炒辅料时需要炒出西红柿的汁水,这样做能使汤更鲜美。**5.** 炖鱼时汤汁要基本淹没鱼身,不然很难入味。**6.** 鱼关火出锅前需淋木姜子油,如此才能复刻较正宗的凯里酸汤鱼。

营养师小建议

1. 这是道炖菜,用油量较小,整体而言比较健康。只要控制好食盐、鸡精、辣椒酱的用量,我还是非常推荐它成为夏日餐桌上的常客。它可以起到提振食欲的作用。**2.** 辅料可以搭配得更丰富些,菌菇、豆制品、绿叶菜、瓜茄类,都可以开水焯熟后垫在碗内一起食用,使营养更均衡。**3.** 因为这道菜使用的是整条鱼,一个人吃会摄入过多的蛋白质,建议与家人好友一起分享。

花溪牛肉粉

花溪牛肉粉发源于贵阳花溪地区,是贵州的一道特色名小吃。这道主食的关键在于汤头,需要用上等黄牛肉和牛骨经长时间熬制而成的汤,再配以贵州独特的泡酸菜,才能成就一碗色、香、味俱全的牛肉粉。如果你能吃辣,加上些贵州特有的香炒辣椒面,滋味更丰富。

主料:牛骨、牛肉、米粉。

辅料:葱、姜、桂皮、香叶、红花椒、白蔻、草果、市售酸包菜、香菜。

调料:食盐、白糖、白胡椒粉、生抽、老抽、黄酒、花椒粉。

制作方法

1. 牛骨和牛肉洗净备用,米粉用凉水浸泡备用。2. 大锅内注凉水,下入牛骨和牛肉,放葱结、姜片、黄酒去腥增香,水开后撇去浮沫和杂质,再加一次凉水,

重复水开撇浮沫的操作。3. 待撇净浮沫和杂质,放入香料包(桂皮、香叶、红花椒、白蔻、草果),加食盐、生抽、白糖、白胡椒粉调味,少许老抽调色,盖锅盖炖煮2小时以上。4. 炖煮完,取出牛肉、牛骨、香料包和其他辅料,留清汤在锅内。5. 新锅加水,煮透米粉后捞出移到大碗内,加入切好的牛肉片、市售酸包菜,注入牛肉汤,撒上花椒粉和香菜即可食用。

烹饪小诀窍

1. 牛骨和牛肉需要提前浸泡2~3小时,其间换水2~3次,这样才能比较彻底地去除血水和腥味。2. 牛

棒骨熬汤比较鲜美，棒骨需要敲断。汤中可加些牛脂肪，这样熬制的汤头更浓郁。**3.** 牛肉和牛骨炖汤时最好用砂锅，能较好地保留汤汁。**4.** 正宗的花溪牛肉粉必须撒花椒粉，铁锅小火烘焙红花椒后研磨成粉的自制花椒粉是最香的，而且自制过程并不复杂，推荐大家可以试一试。

营养师小建议

1. 花溪牛肉粉是一道主食菜品。其没有太多的调味和烹饪，只是原料和时间的组合。很多店家熬汤时会加些中药材，居家熬汤建议省略。**2.** 这道菜总体感觉缺少了蔬菜，建议少放标配酸包菜，多搭配些菌菇和绿叶菜，食物品种多样化对健康有利。**3.** 控制酸包菜的用量，不建议多食腌制食品。

湖南省特色美食

湖南省简称"湘",湘菜是中国八大菜系之一。湘菜的特点是注重刀工和调味,尤以酸辣菜和腊制品著称,品种丰富,味感鲜明而富地方特色。湖南省的美食和小吃传遍全国,常见的有长沙臭豆腐、腊肉、毛氏红烧肉、东安鸡、湖南小炒肉、剁椒鱼头、雷椒皮蛋等。在这里我给大家介绍东安鸡和剁椒鱼头。

东安鸡

东安鸡又名东安子鸡,据传此菜的雏形诞生于唐玄宗开元年间湖南东安县城一家小饭店。清末民初时,此菜被引入长沙,逐渐成为酒宴名肴。后此菜逐渐流传到美洲、欧洲等地,并成为湘菜的风味当家菜目之一。

主料：鸡。
辅料：京葱、姜、红花椒、干辣椒。
调料：植物油、食盐、鸡精、白胡椒粉、米醋、黄酒。

制作方法

1. 鸡开膛后去内脏洗净，铁锅注水，放入处理好的鸡，加姜片、黄酒及几粒红花椒，用水开煮到断生，捞出备用。2. 将鸡肉从鸡身剥离，切粗丝备用。

3. 锅内倒油，凉油状态下加入干辣椒段和姜丝，煸香煸透，放入鸡丝略微翻炒，放食盐、鸡精和白胡椒粉炒匀，加少量鸡汤和米醋，用中小火炖煮收汁入味。4.2~3分钟后开大火加入京葱丝翻炒，剩余少量汤汁时勾芡出锅，装盘即可食用。

烹饪小诀窍

1. 最好选用仔鸡,因其肉更嫩。2. 煮鸡的时长一般在20分钟左右,视鸡大小而定,煮至鸡皮微微崩开即可。3. 炒东安鸡最好用麻油,姜丝和米醋的量必须多,味道才够厚重。4. 鸡肉勾芡前再淋少量米醋增香。5. 鸡肉出锅前加10粒左右拍碎斩断的红花椒碎粒,这是较传统的做法。

营养师小建议

1. 此菜用到大量的姜丝和米醋,非常体现湖南菜酸辣的精髓。建议消化道不适的食客避免食用这道菜,因其刺激性有点强。2. 配菜可以选用金针菇和彩椒,既可以增添色彩,又能增加食物品种。3. 作为一道合格的下饭菜,该菜品因为用了整只鸡的肉,蛋白质含量偏高。2斤左右的鸡,最好3人一起分享,再配1份豆制品、1份瓜茄和1份绿叶菜,这样营养搭配就比较全面了。

剁椒鱼头

剁椒鱼头是湖南省的传统名菜。据传,清代文人黄宗宪逃难时途经湖南的一个小乡村,村民在池塘中捕回一条胖头鱼(鳙鱼),将自家产的辣椒剁碎后与鱼头同蒸款待黄宗宪。黄宗宪品尝后觉得这道菜非常鲜美,无法忘怀,于是便有了"剁椒鱼头"。艳丽的红剁椒、雪白的鱼头肉、扑鼻的香气使这道菜成为湘菜蒸菜的代表作品。此处我将介绍用花鲢鱼头做剁椒鱼头的方法。

主料:花鲢鱼头。

辅料:葱、姜、蒜、泡辣椒。

调料:植物油、食盐、白糖、鸡精、白胡椒粉、黄酒。

1. 将花鲢鱼头对半开成两片，洗净后控干水分，加葱、姜、食盐、白糖、鸡精、白胡椒粉、黄酒腌制入味备用。

2. 锅内倒油，放入去头切碎的泡辣椒碎和葱、姜末煸炒，加少量白糖和鸡精提鲜，炒至剁椒酱微微发红浓缩，倒出备用。3. 鱼头去净腌料，铺在大平盘内，用剁椒酱覆盖鱼头。蒸锅上汽后放入鱼头，蒸鱼时长视鱼头大小而定，一般蒸7~8分钟即可出锅。4. 出锅后撒上葱花淋热油，即可享用。

1. 此菜必须选用花鲢鱼头，不能用白鲢鱼头，白鲢鱼属于鲢鱼，花鲢鱼才是鳙鱼。2. 炒剁椒酱时全程中火，可以加些紫苏叶碎提香，必须炒透并呈现较浓

厚的状态，如此蒸鱼时才能紧紧包裹住鱼头。**3.** 在家里蒸鱼时，蒸锅边缘可覆盖干净的厨房抹布，避免因漏气造成蒸不透或必须延长蒸的时间。

营养师小建议

1. 这绝对是一道重口味的菜肴，剁椒酱含盐量很容易超标，就算爱吃辣，也不建议多吃，可以用少量新鲜的小米辣代替部分泡辣椒。**2.** 辣味不是味道，它是一种疼痛的感觉，对消化道刺激性较强，因此品尝该菜品的频率不宜过高，每 2 周 1 次即可，给消化道一个自我修复的时间。如有胃肠道疾病不要食用。**3.** 很多饭店会给食客一份面条搭配剁椒鱼头，让食客在吃完鱼头后伴着汤汁吃面，但汤汁中含油较多，请少量食用。

江西省特色美食

江西省地处长江三角洲、珠江三角洲和闽南三角地区的腹地,"瓷都"景德镇就在江西省。江西井冈山是中国革命的"摇篮",南昌是中国人民解放军的诞生地。江西人喜食辣,据说江西还是鲜辣椒的发源地。在江西人看来,干辣椒虽然更有利于储存和流动,但还是新鲜辣椒好吃,而且鲜辣椒普遍也比干辣椒更辣。因此,江西省有很多著名的辣菜。这里我将介绍两道江西省的菜品,一道辣的和一道不辣的。

粉蒸肉

粉蒸肉,也叫米粉蒸肉,清代袁枚所著的《随园食单》中就有介绍,粉蒸肉"不见水,故味独全。江西人菜也"。现在全国各省都有做,粉蒸肉根据烹饪方法不同,其味可以偏辣、偏甜或咸鲜,还有焯水蒸和焯水过油蒸等方法。成菜后猪肉软糯,米粉油润,确实美味可口。

主料: 猪五花肉、蒸肉米粉。

辅料: 葱、姜、红薯。

调料: 植物油、食盐、白糖、鸡精、白胡椒粉、郫县豆瓣酱、生抽、老抽、蚝油、黄酒。

制 作 方 法

1. 把猪五花肉切成3~4厘米宽、1厘米厚的肉片,洗净后控干水分备用。**2.** 肉片加食盐、黄酒、葱、姜、白糖、鸡精、白胡椒粉、郫县豆瓣酱、生抽、

老抽、蚝油腌制。**3.** 腌制好的猪肉里倒入蒸肉米粉拌匀,淋入油再次拌匀后备用。**4.** 取一个深度在3厘米左右的盘子,将切块的红薯均匀铺在盘中,将肉覆盖

在红薯上。蒸锅上汽放入盘子,加盖蒸透。5.蒸完取出,撒葱花,淋少量热油即可食用。

烹饪小诀窍

1.用喷枪烧猪皮,烧净猪毛,温水下用钢丝球擦洗猪皮,直到洗净,如此可以去除猪毛和异味。2.腌肉的配料里加少许酒酿和五香粉,能使肉更美味。3.蒸肉时建议中火慢蒸1小时左右,这样肉会比较软糯,口感更好。

营养师小建议

1.这道菜的烹饪方法比较健康,没有用到很多油,只是调料用量较多,特别是豆瓣酱中含盐较多,建议可以不再加食盐。2.垫底的配料可以更丰富些,加入香菇、茄子、丝瓜、莲藕、南瓜、芋头、山药等各种材料,可增加食物种类。3.配料中如果已经有了很多淀粉类食材,主食宜减量。4.猪五花肉可以用脂肪含量更少的猪里脊肉、猪梅花肉、牛里脊肉代替,食材品种更丰富,也更健康。

辣椒炒肉

大家一听到辣椒炒肉就会想到湘菜,湘菜中的辣椒炒肉制作方法颇有特色,我以后有机会再和大家交流。江西的辣椒炒肉也很出名,特别之处在于用了余干枫树辣椒,该辣椒皮薄肉厚,有"辣嘴不辣心"的特点。辣椒炒肉是江西省上饶市余干县的一道名菜,被评为"中国菜"之江西十大经典名菜之一。

主料: 猪五花肉、青辣椒。

辅料: 葱、姜、蒜、豆豉。

调料: 植物油、食盐、鸡精、白胡椒粉、白糖、生抽、老抽、黄酒。

制 作 方 法

1. 猪五花肉去皮,切成 3~4 厘米宽的薄片,洗净

后用厨房纸吸干水分备用。2.铁锅内加少许油润锅,倒掉多余的油,下入五花肉煸炒,直到煸出

猪油,肉微微起焦。3.此时加入葱白、姜片、蒜、豆豉一起翻炒,直到炒出香气,烹入黄酒、食盐、鸡精、白胡椒粉、白糖、生抽、老抽,翻炒,调味,调色。4.翻炒均匀后加入青辣椒段,翻炒至辣椒断生即可出锅装盘食用。

1.烧制好铁锅是煸炒五花肉的关键点。铁锅必须加热到冒青烟,倒油润锅,然后将油倒掉,再重复一次润锅的过程,如此才能完成制锅。2.豆豉需要斩碎才能煸炒出香味。3.青辣椒可以先用铁锅翻炒至起少许焦褐斑,类似虎皮青椒的状态,锅内不加油,如此更易吸味。

1. 辣味是痛觉，而不是味觉，因此常吃辣椒可能会令人上瘾，让人热衷追求轻微的刺痛感。对消化道刺激性较强，如有胃肠道疾病不要食用。**2.** 猪五花肉可以用脂肪含量更少的猪梅花肉代替，这样口感更嫩。**3.** 这道菜的用肉量较大，因此建议除了加青辣椒外还可以加些菌菇片。**4.** 这是一道下饭菜，食用时可以考虑搭配粗粮饭，同时多增加 2 道水氽蔬菜，平衡脂肪和盐的总量。

福建省特色美食

福建省在历史上是海上丝绸之路、郑和下西洋的起点，也是海上商贸集散地，是中国对外通商最早的省份之一，与我国宝岛台湾省隔海相望。闽菜是中国八大菜系之一，发源于福州，以福州菜为基础，后又融合闽东、闽南、闽西、闽北、莆仙五地风味菜形成了闽菜。我身为一个上海人，在福建省工作了6年，对于闽菜还是比较了解的。这里我将介绍两道福建省特色菜，姜母鸭和海蛎煎。

姜母鸭

姜母鸭起源于福建泉州，流行于闽南地区，是福建一道地方传统的名小吃。这道菜需要用福建的番鸭和姜母，口味才最正宗。上一年春天种到地里的新姜，经过一年的生长,又繁衍出很多新姜,于是第二年它就成为姜母,有资格成为姜母鸭的一味主料。

主料: 鸭子、姜母(老姜)。

辅料: 葱、姜、肉桂。

调料: 植物油、食盐、冰糖、白胡椒粉、生抽、老抽、蚝油、米酒、黄酒、鸡精。

制 作 方 法

1. 鸭破膛去内脏,切块后洗净备用。2. 鸭肉加食盐、白胡椒粉、葱、姜、米酒腌制备用。

3. 小碗内加食盐、鸡精、冰糖、米酒、黄酒、生抽、老抽、蚝油,调好烹饪姜母鸭的酱汁。4. 锅内倒油,放切成片的姜母煸香,再放入肉桂一起煸香。5. 姜母和肉桂煸炒完成后,加入鸭肉翻炒,倒入酱汁继续翻炒,加盖中大火焖煮50分钟。6. 焖煮完,取一个大砂锅烧热,将鸭肉倒入其中。砂锅的保温功能可以确保姜母鸭的香气和口感,维持在较佳状态。

烹饪小诀窍

1. 切块的鸭肉内撒淀粉拌匀,清水冲洗,反复 2~3 次,可以去除腥味和血水。**2.** 腌鸭肉的米酒需要用福建地区产的高粱米酒,酒香不烈。**3.** 酱汁里的米酒用量为 50~75 毫升,不加水。**4.** 烹饪用的油需要加入麻油,姜母用量要大,基本在 200 克左右,必须煸干至表面微微焦黄,才能彻底析出姜味。**5.** 焖煮鸭肉时加些麦芽糖,姜母鸭色泽和口味更佳。**6.** 焖煮过程中,每 10 分钟翻炒一下,避免粘锅。

营养师小建议

1. 姜母鸭用到的麻油和大量生姜构成其独特风味。但这是道纯纯的肉菜,建议选用小仔鸭,同时添加杏鲍菇、茭白这类耐煮且没有强烈风味的蔬菜,增加食物种类。**2.** 烹饪完之后,鸭肉的脂肪会融入汤汁,因此不建议用汤汁拌饭,油量太大。**3.** 这道菜适合家人朋友聚餐时一起食用,如此既能当顿吃完,蛋白质的负担也不会大。

海蛎煎

海蛎煎是一道福建地区常见的家常菜,是起源于福建省、台湾省、广东省等地的经典传统小吃之一,很多地区都叫它蚵仔煎(闽南语读作"ou a jian")。海蛎的学名叫牡蛎,各地称呼不同,闽南及台湾一带称之为"蚵仔",而广东人称牡蛎为"蚝"。农历二月是这道菜的最佳赏味期,因为此时的海蛎和韭菜都处在最美味的时候。

主料: 海蛎、地瓜粉。

辅料: 蒜苗、姜、韭菜、鸡蛋。

调料: 植物油、鸡精、白糖、白胡椒粉、蚝油。

制作方法

1. 海蛎清洗,控干水分备用。2. 海蛎中加鸡精、白糖、白胡椒粉、蚝油、地瓜粉拌匀腌制备用。**3.** 平底锅加热倒油,腌制好的海蛎中加蒜苗小段、韭菜小段、姜末,快速拌匀后倒入锅内。将鸡蛋制成蛋液备用。**4.** 将锅内海蛎均匀铺平后就不再操作,待其凝固并煎上色后翻面,淋蛋液继续煎制。**5.** 海蛎煎至两面上色后,倒出装盘即可食用。

烹饪小诀窍

1. 选用小海蛎做海蛎煎才正宗,口感更加鲜甜。**2.** 海蛎腌制后容易出水,一旦出水就不易煎制,因此需要先热锅再腌制海蛎。**3.** 煎海蛎的油最好加少量猪油,香气和口感更好。**4.** 海蛎煎的最佳搭配是厦门甜辣酱。

营养师小建议

1. 海蛎煎极具地方特色,因福建一带盛产海蛎,所以才有了这道小吃。但是海蛎的嘌呤含量高,每100克海蛎嘌呤含量为75~150微克,因此痛风的患者不建议食用海蛎。**2.** 海蛎的胆固醇含量也较高,血胆固醇偏高的患者最好避免食用,或者1个月品尝1次。**3.** 做海蛎煎时可以多加蔬菜,比如增加韭菜和蒜苗用量,或者加入包菜丝、金针菇丝、胡萝卜丝、葫芦瓜丝之类的蔬菜,丰富食物种类,减少海蛎用量,使食客降低嘌呤和胆固醇的摄入量。

台湾省特色美食

我国的美丽宝岛台湾省位于中国东南沿海的大陆架上,东临太平洋,西隔台湾海峡与福建省相望。台湾省饮食以台湾菜为主,也融合了我国其他地区的美食。台湾菜体现了闽菜、潮州菜、江浙菜的特点,也受到客家菜、广州菜的影响。台湾省的夜市是一道"美丽的风景线",因此"小吃文化"很发达,常见的小吃有蚵仔煎、炸鸡排、盐酥鸡、米血糕、蚵仔面线、甜不辣、卤肉饭等。这里介绍两道知名度较高的台湾省特色美食,三杯鸡和卤肉饭。

三杯鸡

台湾三杯鸡起源于江西菜三杯鸡。江西菜三杯鸡属于赣菜、客家美食,客家人将其做法带至台湾后,用台湾米酒代替甜酒酿,用黑麻油(或香油)代替猪油,

用台湾酱油代替江西酱油,同时加入罗勒(九层塔)提升香气,菜肴便有了台湾风味。

主料:鸡。

辅料:葱、姜、蒜、干葱头、九层塔(罗勒或者金不换)。

调料:植物油、麻油、冰糖、白胡椒粉、米酒、生抽、老抽、蚝油、黄酒。

制 作 方 法

1. 鸡切块洗净,控干水分备用。准备好1份麻油、1份米酒、1份生抽汁(即生抽里加少许老抽、白胡椒粉、蚝油拌匀)备用。2. 鸡块加黄酒、米酒、白胡椒粉、生抽、老抽拌匀腌制备用。3. 锅里倒油,下入鸡肉煎熟并煎上色后倒出,控净油备用。4. 锅内重新倒入麻油,加姜片、干葱头块、葱白段、蒜中小火煸香,加入鸡块,倒入备用的生抽汁、冰糖和米酒,开大火翻炒收汁。**5.** 待汁水浓郁后,加入九层塔翻炒出锅,即可食用。

烹饨小诀窍

1. 鸡肉要嫩,最好选2斤以内的仔鸡。**2.** 鸡肉切块后浸泡30分钟再控水,可以较彻底地去除血水和腥味。**3.** 米酒、麻油、生抽的比例是1∶1∶1。米酒选福建或者台湾米酒,也可以用广东米酒。**4.** 腌制后的鸡肉再加2勺左右生粉上浆,煎制鸡肉才会嫩。**5.** 三杯鸡出锅时最好移入加热的砂锅或铸铁锅,如此香气和口感才能持久。

营养师小建议

1. 三杯鸡用到了很多香料,因此让人很有食欲,建议可以加入一些蔬菜,比如杏鲍菇、香菇、胡萝卜、莴笋、茭白之类不易出水的蔬菜同煮,增加食物品种。**2.** 这道菜里有腌鸡肉,又有生抽汁,最后还要收汁,所以盐分含量较高,可以考虑用低盐酱油代替生抽。**3.** 如果是1~2人食,建议用鸡腿代替整只鸡,即确保了当顿食用,也可以将蛋白质控制在合理范围。

卤肉饭

台湾夜市的小吃花样繁多,不过要说其中最为著名的,当推卤肉饭。它是一道蛋白质、脂肪、碳水化合物都很丰富的组合,在台南、台中、台北的制作方法和特点均有差异,但是最关键的只有肉酱和肉汁。这道菜的材料较多,包括五花肉、干葱头、姜、蒜、生抽、五香粉、白胡椒粉等,可根据自己的口味调节比例。

主料: 猪五花肉。

辅料: 葱、姜、蒜、干葱头。

调料: 植物油、食盐、白糖、五香粉、生抽、白胡椒粉。

1. 猪五花肉切成小条状,洗净后控干水分备用。

2. 锅内倒少许油，下入肉条中大火煸炒，直到肉条表面呈微微焦色并出油。3. 肉条煸炒完后，先加干葱头末一起煸炒，随后加入葱

末、姜丝煸炒，最后加蒜末煸炒，煸炒到所有食材均散发出香气。4. 锅内先加白糖翻炒，闻到微微的焦糖香气后，加生抽翻炒后倒入热水，水量需完全没过肉。继续加五香粉、食盐和白胡椒粉调味，加盖中小火焖煮40分钟以上，揭盖后即可食用。

1. 用喷枪烧猪皮，烧净猪毛，温水下用钢丝球擦洗猪皮，直到洗净，如此可以去除猪毛和异味。2. 猪五花肉条一定要煸炒到水分挥发完，锅内油色清亮才算完成。3. 干葱头、葱、蒜放入的顺序最好不要颠倒，因为它们炒香所需的时间不同。4. 五香粉的用量不能太多，不然香料味太重。

营养师小建议

1. 这道台湾名小吃和红烧肉有一个共同的特点,就是很费米饭。这是脂肪、蛋白质、碳水化合物最简单的组合,却也是最诱人的组合,建议可以搭配粗粮饭,同时控制好米饭量。
2. 卤肉饭里可以加入泡好的干香菇、豆腐干同煮,既可以增加香味和口感,也可以丰富食物种类。
3. 可以用猪梅花肉代替部分五花肉,减少脂肪摄入量,对口感和风味也没有太大影响。

广西壮族自治区特色美食

广西地处我国地势第二台阶中的云贵高原东南边缘，是我国唯一临海的少数民族自治区、西部唯一的沿海省份，是大西南最便捷的出海口。广西日常饮食以清淡为主，但南北也有些许不同，北部的柳州、桂林等部分地区有吃辣习惯。这里我要介绍一下大名鼎鼎的柳州螺蛳粉，还有较少人知道的广西柠檬鸭。

柳州螺蛳粉

柳州螺蛳粉是由螺蛳汤料、米粉和配菜组成的一道混合主食。广西人逛夜市时兴吃螺蛳（骨头汤加酸笋、红辣椒等佐料煨制的螺蛳），随后米粉也进军夜市，有些食客吃完螺蛳后突发奇想，将夜宵的米粉加入螺汤中，没想到异常美味，如此就产生了螺蛳粉的最初雏形。后经不断改进和推广，螺蛳粉行销全国。

主料：螺蛳、猪骨、米粉、鸭掌、酸笋、腐乳、花生米、腐竹。

辅料：葱、姜、小米椒、野山椒、香叶、桂皮、八角、丁香、草果、辣椒。

调料：植物油、白糖、生抽、蚝油、郫县豆瓣酱、黄酒、米酒。

制 作 方 法

1.不锈钢大锅内注水后放入猪骨，水开撇去浮沫，熬煮骨汤备用。2.螺蛳去除尾部尖端部分，反复搓洗，直到水变清澈。3.锅内注水，加葱段、姜片、黄酒，倒入螺蛳焯水后捞

出，继续清洗2次，备用。4.锅内倒油，加入葱段、姜片和切成小块的酸笋煸炒，随后加郫县豆瓣酱、小米椒和野山椒段煸炒出红油和香气，再加入碾碎的腐乳4块一起翻炒，再放入备用的螺蛳，加香叶、桂皮、

八角、丁香、草果，淋米酒翻炒。**5.** 将炒匀的螺蛳全部倒入熬煮的骨汤内，再加生抽、蚝油、白糖调味，加盖中火继续熬煮 1 小时，这就是螺蛳粉的汤底。**6.** 锅内倒油，油温升至 150℃，放入洗净的鸭掌，炸 10 分钟左右直至鸭掌呈现金黄色，捞出投入冰水中过凉备用。**7.** 螺蛳粉汤中加食盐调味，放入鸭掌后继续用小火熬煮 30 分钟入味，其间可以加少量油辣椒调味。**8.** 锅内注水，水开后下入米粉煮熟，捞出装入大碗，加螺蛳粉的汤底，放自己喜欢的配菜即可食用。**9.** 标准的螺蛳粉浇头必须有鸭掌、花生米、腐竹、酸笋，其他配菜可按照个人喜好添加。

1. 猪骨最好选筒骨，这样炖出的汤更浓郁。猪骨需要先敲断，然后用清水浸泡 1~2 小时，其间换水 2 次，如此才能去除异味和血水。**2.** 买回来的螺蛳最好先浸泡在清水中，加植物油让其吐出泥土，大约持续 3 小时，去除土腥味。**3.** 炒螺蛳最好用猪油，这样汤更香浓。**4.** 米粉需要提前浸泡 8~10 小时，才能完全变软。**5.** 酸笋的味道不是人人都能接受的，食客视自身情况添加即可。

营养师小建议

1. 螺蛳粉味道鲜美,但是汤中有大量的盐分。建议嗦粉的时候少喝汤,减轻血管和肾脏的负担。**2.** 螺蛳粉必须有的配菜中优质蛋白质有些不足,建议增加 100 克低脂优蛋白的配菜,如鱼片、虾、牛肉等。**3.** 螺蛳粉中还需添加菌菇和绿叶菜等配菜,使食物品种更丰富,营养搭配更均衡。

广西柠檬鸭

柠檬鸭是广西南宁武鸣一带的特色菜肴,是广西十大经典名菜之一。广西有句老话叫"无鸭不成席",这句话说明了广西人对鸭肉的热爱。柠檬鸭酸辣开胃,制作也不复杂。这道菜的灵魂就是酸柠檬,制作时酸柠檬需要用粗盐对本地特有的青绿色柠檬腌制长达3年左右,才能将多余的酸涩和苦味去除。现在网购发达,可以直接买酸柠檬酱。

主料: 鸭。

辅料: 姜、蒜、干葱头、泡辣椒、野山椒、酸姜、酸蒜头。

调料: 植物油、白糖、白胡椒粉、腐乳、柠檬酱、生抽、老抽、蚝油、黄酒、米酒。

1. 鸭切块,洗净后控干水分备用。2. 锅内倒底油,放入姜片、干葱头片、蒜仔、泡辣椒段、野山椒段、酸姜片、酸蒜头片一起煸香。3. 倒入鸭肉,

淋米酒继续翻炒,直到煸出鸭油,油色转清亮,加入酱汁(由碾碎的腐乳、蚝油、白胡椒粉、生抽、老抽、

白糖调配）煸香，加热水，用中大火焖煮20分钟左右。**4.** 焖煮完成后，开盖加酸柠檬酱，大火翻炒收汁，出锅即可食用。

烹饪小诀窍

1. 鸭子切块后最好用清水浸泡1小时，其间换2次水，如此能较有效去除血水和腥味。**2.** 鸭子不要焯水，必须直接生煸，这样鸭肉才香，汤汁才会有鸭油的香气。**3.** 酸柠檬酱必须在出锅前加入，不然柠檬味就挥发了。

营养师小建议

1. 这道菜的酱汁含盐量很高，建议热水可以多加一些，汤汁不要收得太浓郁，不然会摄入过量的钠。**2.** 鸭子一般都比较大，如想要一顿饭吃完，可以将鸭腿作为主料。可增加些蔬菜同煮，比如菌菇、胡萝卜、茭白等，增加食物品种。**3.** 这道菜很下饭，可以考虑搭配粗粮饭，增加膳食纤维，同时搭配水余的绿叶菜，如此膳食搭配更合理。

广东省特色美食

广东省是中国的"南大门",处在南海航运枢纽位置上。粤菜是中国的八大菜系之一,包括广州菜、潮州菜、东江菜等。纪录片《寻味顺德》中的顺德就在广东省佛山市。顺德菜属粤菜中的广州菜系,顺德亦是广府粤菜的重要发源地之一。顺德的别称为"凤城",民间有"食在广州,厨出凤城"的说法。这里我将为大家介绍凤城酿节瓜和潮汕海鲜砂锅粥。

凤城酿节瓜

凤城酿节瓜是一道广东顺德的传统名菜,主要原料是节瓜、鲮鱼肉、猪肉。节瓜又称小冬瓜、毛瓜、腿瓜、长寿瓜,为葫芦科冬瓜属下的一个变种,我国南方(尤

其是广东、广西）普遍栽培。其有多种做法，可以炒，可以煲汤。

主料：节瓜、猪肉糜。

辅料：鲮鱼肉糜。

调料：植物油、食盐、白糖、白胡椒粉、黄酒、生抽、淀粉。

1. 猪肉糜内放入鲮鱼肉糜，加少许黄酒、白胡椒粉、生抽、淀粉水搅拌腌制，去腥入味备用。**2.** 节瓜去皮，切成3~4厘米厚的段，挖去节瓜段1/2厚度的瓜

肉，作为酿肉的空间，备用。**3.** 用腌制好的猪肉糜填满节瓜段挖出的空隙，放入盘中。**4.** 蒸锅上汽，放入备好的节瓜，加盖蒸15分钟左右，视肉量灵活调整时间。**5.** 锅内注少量水，放食盐、白胡椒粉、生抽、白糖调味。

水淀粉勾芡,待节瓜出锅后淋于瓜身即可食用。

烹饪小诀窍

1. 猪肉糜最好是七成瘦肉和三成肥肉的比例。买不到鲮鱼肉,可以用干瑶柱代替。**2.** 最好拍散葱白和姜放入黄酒内揉搓,制成葱姜酒水加入猪肉内,去腥效果好。**3.** 如果用瑶柱代替鲮鱼,需要将瑶柱放入黄酒中蒸 5~10 分钟,取出瑶柱碾碎再加入猪肉糜中。瑶柱水可以用来制作芡汁。

营养师小建议

1. 广东菜讲究吃食材本味。凤城酿节瓜很好地遵循了这个原则,荤素搭配也比较均衡。猪肉还可以用牛肉或者虾肉代替,这样不但口味多变,而且脂肪含量也有所下降。**2.** 腌制肉馅时可以加入菌菇末增鲜,也可以添加时令蔬菜末,既增加了食物品种,还添加了蔬菜的营养素和香气。**3.** 芡汁中可以放菜心,添色的同时增加纤维和营养素。

潮汕海鲜砂锅粥

潮汕的砂锅粥,无论粥里加的是什么材料,灵魂都是"粥底"。能熬出一锅"靓粥",这道菜基本就成功了一半。潮汕人特别喜爱喝粥,每天早晨,几乎每户潮汕人家里都会煮上一大锅白粥,以便全家人食用。潮汕的熬粥是个技术活,米、水量、熬煮时间都有独到之处。

主料: 大米、青蟹、虾。

辅料: 大地鱼、干香菇、猪肉糜、冬菜末、芹菜末。

调料: 植物油、食盐、白胡椒粉、花生酱、芝麻油。

制 作 方 法

1. 青蟹洗净,切成块备用。虾洗净备用。干香菇温水泡发，切丝备用。
2. 锅内倒少许油，将大地鱼用小火煎香后取出剪成小条，锅不洗，继续将香菇丝煸炒后取出

备用。**3.** 大砂锅内放入洗净的大米，放水后用中火煮开。**4.** 待粥微微煮开时，放入猪肉糜、大地鱼、干香菇一起熬煮2分钟左右。**5.** 加入青蟹、虾后开始调味，将冬菜末、白胡椒粉、花生酱、食盐按照自己的口味添加。**6.** 所有材料煮熟后，撒芹菜末，淋芝麻油，出锅即可食用。

1. 大米要选东北的珍珠米，这样粥底更稠厚绵滑。**2.** 虾最好对半切成两片，去虾线，这样虾膏可以完全融入粥里。**3.** 大米最好先放铁锅里用小火微微翻炒，然后再洗净。米和水的比例一般是150克米配2升水。**4.** 粥煮开前需要用锅铲不断推锅底，防止粘锅。

营养师小建议

1. 海鲜砂锅粥的烹饪方式比较简单且健康，因此可以作为家庭餐桌的常备菜。**2.** 很多人会觉得粥很有营养，但单就白粥而言，从150克米配2升水的比例就可以看出，其能量密度比较低，因此不适合需要补充较高能量的人群，比如生长发育期的儿童或者需要能量对抗疾病的部分患者，但是白粥对大病初愈后调节胃口还是很有帮助。**3.** 冬菜已含盐，因此调味时注意控制食盐用量。

香港特别行政区特色美食

香港是一座高度繁荣的自由港城市和国际大都市，是全球第三大金融中心，有"东方之珠"、"美食天堂"和"购物天堂"等美誉。香港传统本地菜以广州菜为主，因临近海洋，所以海鲜是常见的菜色。香港还是中外文化交融之地，所以也有颇多国外特色菜系。这里我将为大家介绍沙嗲牛肉车仔面和避风塘炒蟹。

沙嗲牛肉车仔面

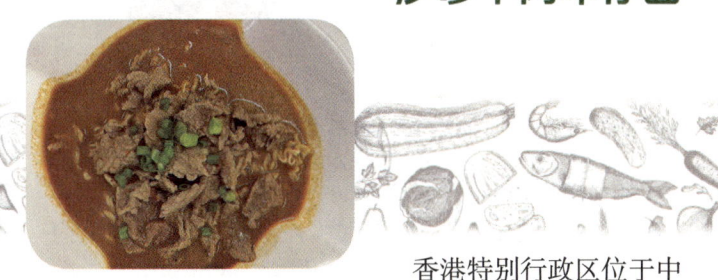

香港特别行政区位于中国南部，饮食受到颇多东南亚文化的影响。沙嗲是传统马来西亚美食，当地人会将腌好的肉类通过炭烤的方式制熟，蘸一层厚厚的沙嗲酱食用，沙嗲酱由花生酱、椰酱、幼虾等调制而成，风味特别容易令人印象深刻。香港人对此加热方式进行了改变，制成了香港人午餐的主打菜品之一——沙嗲牛肉车仔面。

主料：牛肉、"出前一丁"方便面。

辅料：姜、葱、蒜、干葱头。

调料：植物油、白糖、白胡椒粉、生抽、老抽、蚝油、黄酒、沙茶酱、淀粉。

制作方法

1. 牛肉切片，洗净沾干水分备用。2. 牛肉中加生抽、蚝油、白胡椒粉、白糖、姜汁和黄酒抓匀腌制，5~10分钟后加少量净水搅打，使水完全渗入牛肉纤维内，加淀粉抓匀，倒植物油封面。3. 不粘锅内放入腌制的牛肉，煸炒至七八成熟，捞出备用。4. 锅内倒少许油，下入葱白段、蒜末和干葱头末，炒出香味，放入沙茶酱继续炒香，淋黄酒炒匀，倒入酱汁（生抽、老抽、蚝油、白糖、清水搅拌）熬煮到白糖化开，调中火放入牛肉炖煮1分钟左右，待牛肉完全熟后用水淀粉勾芡，出锅备用。5. 锅内注水，将"出前一丁"方便面煮熟后捞到大碗中，倒入煮面汤汁，加上之前做好的沙嗲牛肉即可食用。

烹饪小诀窍

1. 沙嗲牛肉最好选牛里脊肉制作，口感较嫩，冷藏 1 小时之后再切片，厚度控制在 3 毫米左右。2. 净水中加 2 克小苏打（碳酸氢钠），牛肉浸泡 3~4 分钟取出，清水冲洗后沾干水分腌制，这样做能使牛肉更嫩。3. 牛肉完成腌制后最好放冷藏，0.5~1 小时后使用，让牛肉纤维松弛彻底入味。4. 牛肉勾芡出锅前，可以加 1 勺花生酱，撒少许花生碎，如此酱汁味道更加醇厚。

营养师小建议

1. 沙嗲牛肉车仔面作为午餐的主打菜品，碳水化合物和蛋白质含量是够了，但是明显缺少了蔬菜，建议多准备一份水汆绿叶菜和菌菇的混搭菜品，饮食才能平衡。2. 这道菜多数时候还会搭配煎制的午餐肉和鸡蛋。个人建议午餐肉还是少吃，其作为腌制食品，盐分含量偏高，不是很健康。**3.**"出前一丁"方便面是一种油炸方便面，脂肪和盐含量都比较高。如果经常吃沙嗲牛肉车仔面，建议将主料换成普通面条或者粗粮面，或者不用煮面汤做汤底，如此会更健康。

避风塘炒蟹

避风塘炒蟹是香港经典名菜之一。其在粤菜馆的食谱之中，是一道常见的菜式。避风塘炒蟹的烹饪精髓是将蒜蓉的独特风味与辣味、豆豉味完美结合，使它们达到了一种神奇的平衡。我认为避风塘炒蟹的烹饪方法，不仅可以做螃蟹、虾，也许还能向鱼类、大型贝壳类这些食材延伸。

主料：螃蟹、蒜、面包糠。

辅料：葱、干辣椒段、豆豉。

调料：植物油、"美极"酱油、咖喱酱、黄酒、玉米淀粉。

1. 将大量蒜末过油炸成金蒜备用。2. 螃蟹切块洗净，用"美极"酱油、黄酒及少量咖喱酱腌制后，滤除多余水

分，撒上薄薄一层干玉米淀粉裹匀，在200℃左右的油温中炸熟，捞出备用。3. 锅内留少许底油，倒入面包糠中小火慢炒，炒到酥香，倒出与金蒜混合备用。4. 锅内再放少许底油，加入葱白段、干辣椒段、豆豉煸香。倒入螃蟹块，烹入黄酒翻炒，加入炸制的金蒜末和面包糠，继续大火翻炒，出锅装盘即可食用。

1. 蒜末需先洗去黏液，沾干水分，然后炸制。炸制过程中油温控制在120℃左右，炸至蒜末呈金黄色后捞出，摊开放凉备用。2. 螃蟹切块后需要先腌制，加"美极"酱油、黄酒及少量咖喱酱,翻拌均匀后备用。**3.** 炒面包糠用油不能多,需要耐心,一定控制火候慢慢炒。**4.** 金蒜和面包糠先加少许食盐然后倒入锅内一起翻炒,如此整道菜都有底味。

营养师小建议

1. 这道菜的螃蟹和蒜蓉都需要炸,所以脂肪含量不低,建议炸完之后用厨房纸吸油。**2.** 面包糠和金蒜在饭店里是必须使用的,但居家的话可以省略,新鲜的螃蟹炸制后调味翻炒已经很好吃了。**3.** 这道菜可以添加一些青椒、胡萝卜等配菜,既可以添色,也能增加食物品种。**4.** 这道菜很多人会搭配啤酒一起吃,但是尿酸高的患者请避免,同时控制饮酒量。目前《中国居民膳食指南(2022)》推荐的饮酒量为成年男性一天饮用的酒精量不超过 15 克,要注意避免过量饮酒。

澳门特别行政区特色美食

澳门特别行政区位于中国南部珠江口西侧,是我国陆地与南海的水陆交汇处,历史上其曾被葡萄牙非法侵占。葡萄牙人与澳门特别行政区的居民多有通婚,因此传统葡萄牙菜与中餐相融合,在澳门生根发芽,逐渐成为澳门主流菜系。这里我为大家介绍葡国鸡和西洋焗马介休。

葡国鸡

葡国鸡可以说是澳门的代表菜之一,是葡萄牙人从东南亚饮食中借鉴并发展而成的。葡国鸡标志性的淡黄色,就是因使用了东南亚流行的黄咖喱而形成的。泰国和马来西亚经常用到的椰浆,也是葡国鸡极其重要的一味调料,增加了葡国鸡的清香风味。葡国鸡至今依然是茶餐厅与葡萄牙菜餐馆内的常规菜肴。

主料：鸡。

辅料：葡萄牙熏肠、黑橄榄、洋葱、土豆、香叶、椰蓉。

调料：植物油、食盐、黄姜粉、番茄膏、白葡萄酒、椰浆、白糖、白胡椒粉、生抽。

制作方法

1. 鸡切块洗净，滤干水分后备用。2. 鸡块内加食盐、白糖、白胡椒粉、黄姜粉、生抽、白葡萄酒腌制10分钟，入味上色。3. 锅内倒底油，放入香叶和洋葱块煸香，加入鸡块和土豆生炒，下入番茄膏

和白葡萄酒翻炒调味，加盖焖煮8分钟左右。4. 焖煮完成后开盖，放入蒸熟的葡萄牙熏肠和黑橄榄，加食盐和白糖调味，加盖继续焖煮4分钟左右。5. 焖煮完

成后关火开盖,加入椰浆拌匀,装入可进烤箱的盘子,撒上椰蓉,烤箱220℃预热,将整盘鸡放入烤箱,烤5分钟。6. 烤制时间到,从烤箱中取出菜品即可食用。

烹饪小诀窍

1. 鸡切块后可以在清水中浸泡30分钟,其间换一次水,以去除血水和腥味。2. 土豆最好提前在加了盐的清水中煮熟,帮助土豆入味。3. 这道菜基本不加水,汤汁全靠白葡萄酒和椰浆。4. 最好用珐琅铸铁锅焖煮菜肴,保温、保水性能好。

营养师小建议

1. 这道葡萄牙风味的菜肴用到了熏肠,腌制的肉制品含亚硝酸盐,因此不建议超量食用,添加少许增加风味即可。2. 鸡肉、土豆和椰浆组合在一起的热量还是比较高的,而且很可能会与主食伴行,所以这道菜最好由三五好友一起吃。

西洋焗马介休

马介休,葡萄牙人最爱的咸鱼,原料为鳕鱼。马介休是一种地道的葡萄牙菜和澳门本地菜原料,有多种烹饪方法。500多年前,葡萄牙海员经过挪威海时,遇见了鳕鱼群。因为在海上航行的日子太久,钓上来的鱼很容易变质,所以海员们将鳕鱼做成了马介休。马介休不但放置一两年都不会变质,而且一旦泡在淡水里,冲淡其咸味,吃起来又会如新鲜的鱼一般鲜嫩。

主料: 马介休、土豆、马苏里拉芝士。

辅料: 蒜、洋葱、蘑菇、培根。

调料: 软黄油、食盐、黑胡椒碎。

制作方法

1. 马介休清洗后去除盐分备用。**2.** 锅内注水,炖煮切成小块的土豆，15~20分钟后关火，将土豆取出备用。**3.** 平底锅放少许油，将切成片的培根、蘑菇、马介休、蒜粒、洋葱丝一起炒香备用。**4.** 土豆中加食盐和黑胡椒碎调

味，加入50克左右的软黄油，用勺子将土豆压成泥后搅拌均匀，备用。**5.** 炒香后的培根、蘑菇、马介休和蒜粒加到土豆泥中拌匀，然后将所有食材装入烤盘，表面覆盖马苏里拉芝士，然后放入250℃预热的烤箱，烤8~10分钟，直至芝士表面呈现微焦状态，取出即可食用。

1. 马介休清洗后最好清水浸泡2~3小时，更好地去除多余盐分。**2.** 炖煮土豆的水中需要加点食盐，使土豆能有基础底味。**3.** 炒制的顺序是培根、洋葱、蒜粒、马介休、蘑菇。

营养师小建议

1. "焗"是典型的西餐制作方法,是碳水化合物与脂肪的狂欢。这道菜用了很多土豆、软黄油、马苏里拉芝士、培根,脂肪和盐含量都偏高,建议食用频率为2周1次,吃的时候不要搭配甜饮料。**2.** 这道菜还需要搭配白灼蔬菜,均衡营养,增加食物品种。**3.** 吃完之后需要多运动,消耗过多的热量。

海南省特色美食

海南省是我国最南端的省级行政区，是中国的经济特区、自由贸易试验区，还是国内唯一经中华人民共和国国务院批准的离岛免税区、世界第4个离岛免税区。海南的海鲜和水果品种丰富，当地四大名菜之首的文昌鸡因产于海南省文昌市而得名。这里就以水果和文昌鸡作为主题来介绍两道菜——椰子鸡和海南鸡饭。

椰子鸡

椰子鸡是海南省的一道名菜，它巧妙地将海南特有的文昌鸡和海南椰子结合到了一起。因为用到了椰子汁，所以这道菜的鸡肉软嫩中透着香甜，汤汁清新可口，口味上与重庆火锅、潮汕火锅、北京火锅有较

大区别，风味独特。

主料：文昌鸡、青椰子。

辅料：沙姜、小米椒、香菜、青柠汁、蒜。

调料：食盐、生抽。

1. 整鸡去毛、去内脏洗净，斩块后备用。取出青椰子的汁水备用。2. 小碗内加入沙姜碎、蒜泥、小米椒、香菜段、青柠汁、生抽和

纯水，拌匀调味后作为鸡肉蘸汁备用。3. 火锅锅子内注入青椰子水，再补纯水烧开，放入鸡块后加盖焖煮10分钟左右，开盖撇去浮沫，加食盐调味后即可食用。

1. 椰子鸡汤中如果加入去除黑皮的老椰子肉条，汤的风味更佳。2. 斩块后的鸡肉浸泡于清水中30分钟，

其间换一次水,可以有效地去除血水和腥味。3.焖煮鸡肉时调中火慢煮,鸡肉更嫩。

1.椰子鸡整体非常健康,只用了很少的调料,但需要注意煮完鸡肉后撇去一些浮油。2.在吃椰子鸡时建议多搭配各类食材,包括菌菇、绿叶菜、根茎类蔬菜、豆制品等。3.这道菜最好与家人或好友们一起分享,一顿吃完既新鲜又控制了食量。

海南鸡饭

海南鸡饭发源于海南,在新加坡也非常流行。正宗海南鸡饭是用海南的文昌鸡制作,鸡肉色泽淡黄光亮、肉嫩、皮香、味鲜。既然是"鸡饭",除了鸡的选择很重要之外,大米的选择也是成功与否的关键。海南鸡饭用东北大米配合鸡油、香料烹制而成,让人印象深刻。海南鸡饭还会搭配鸡饭老抽、辣椒酱、姜蓉酱这三种酱汁。

主料: 文昌鸡、大米。

辅料: 鸡油、红葱头、蒜、姜、香兰叶。

调料: 植物油、芝麻油、食盐、鸡精、黄酒。

1. 整鸡去毛、去内脏洗净,备用。2. 锅内注入可没过整鸡的水,加食盐、蒜片、姜片、黄酒烧开后调中火,手提鸡脖子部位将鸡浸泡于沸水中,静置3~5秒提起离开沸水,如此重复2次。3. 上一步骤结束后,调小火。待水不再沸腾,将鸡全部放入水中,小火慢煮40分钟左右,待

其熟。**4.** 慢煮结束后，将鸡移到饮用水中浸泡过凉 15 分钟，捞出后在表面抹上少量芝麻油后斩块，装盘备用。**5.** 平底锅内加油，加入鸡脂肪块、红葱头片、姜片、蒜片煸香，滤出鸡油备用。**6.** 平底锅内加备用的鸡油，放姜片、蒜末、红葱头片煸香，加入洗净的大米炒匀。将平底锅内所有食材倒入电饭煲，注入煮鸡的汤汁，加食盐和鸡精调味，放香兰叶段增香，全部拌匀后焖煮米饭。**7.** 米饭熟后，即可搭配鸡肉一起食用。可以网购市售的产品作为吃鸡的蘸酱，减少制作难度。

1. 鸡屁股附近有一块脂肪，需要取出备用，用于制作鸡油。**2.** 煮鸡时如果在水中加香兰叶，风味更出色。**3.** 煮鸡的过程，锅子不加盖，防止水温太高导致鸡身破皮。**4.** 过凉的饮用水中如果能添加食用冰，鸡肉口感更好。**5.** 过凉后的整鸡需要风干表面，斩鸡时鸡皮最好能保持完好。**6.** 大米洗净并浸泡 30 分钟后再加鸡汤煮饭，会使米饭更好吃。米饭熟后关闭电源，静置 30 分钟再食用。

营养师小建议

1. 海南鸡饭是升级版的白斩鸡配米饭,整体来说还是比较健康的,但因为口味的需要,米饭中加入了调料和鸡油,所以海南鸡饭虽然好吃,但请控制食用量。**2.** 海南鸡饭的蘸酱各有特色,但是油和盐都不少,所以请控制用量。**3.** 这道菜最好与家人、好友一起分享,一顿吃完既新鲜又控制了食量。**4.** 食用海南鸡饭时,最好能再搭配2道蔬菜,如菌菇、瓜茄、绿叶菜等。

新疆维吾尔自治区特色美食

新疆维吾尔自治区是中国陆地面积最大的省级行政区，约占中国国土总面积的1/6。其为八国接壤之地，历史上是古丝绸之路的重要通道，如今是第二座"亚欧大陆桥"的必经之地。新疆风景优美，有着广阔的、适宜耕种的土地，还是全国五大牧区之一，物产丰富，农副产品质优物美。新疆得天独厚的优势孕育出了独到的新疆菜，这里介绍的新疆大盘鸡和缸子肉都是非常诱人的美食。

新疆大盘鸡

新疆大盘鸡又名沙湾大盘鸡，是新疆名菜，每家新疆餐厅都会有这道菜。其主要材料是鸡肉和土豆块，最核心的特点是用到了新疆皮牙子（也就是紫色洋葱）

和线辣椒,还必须拌入皮带面,这样才是最正宗的。

主料:鸡、土豆。

辅料:葱、姜、蒜、线辣椒、螺丝椒、洋葱(新疆人称其为"皮牙子")红花椒。

调料:植物油、食盐、白胡椒粉、玉米淀粉、豆瓣酱、"十三香"调料、花椒粉、生抽、老抽、黄酒。

1. 锅中注水,放入去皮、切块的土豆煮熟,捞出备用。2. 鸡切块洗净,加食盐、白胡椒粉、黄酒抓匀入味,加少许玉米淀粉拌匀备

用。3. 锅内倒油,放葱段、姜片、红花椒煸香,然后加鸡块煸炒至断生。4. 加生抽、豆瓣酱和花椒粉后继续煸炒,炒出香气上色入味。5. 注水没过所有鸡肉,加"十三香"调料、食盐、老抽调色、调味,然后加入线辣椒、洋葱,中火慢炖5分钟后加入土豆一起炖煮。

6. 炖煮8分钟左右，加入蒜、葱段和螺丝椒段，略炒拌匀后出锅，即可食用。

烹饪小诀窍

1. 需要选黄心土豆，因其口感好。煮土豆时加少许老抽和食盐，使土豆上色入味。2. 炒鸡块时必须用中小火慢慢煸炒，如此鸡肉才能去腥并吸收香料味道。3. 线辣椒需先用水泡软。4. 蒜要拍碎，才能充分凸显蒜味。

营养师小建议

1. 大盘鸡味道厚重，调料较多，居家制作可以减少豆瓣酱和食盐的用量，避免盐分摄入过多。2. 可以增加菌菇、茭白、莴笋、胡萝卜等配菜，丰富食材品种，增加营养素。3. 通常这道菜会搭配宽面或者米饭，因为菜中已经用到了土豆，所以请控制主食量不超过100克。4. 建议与家人或者朋友一起分享，一个人吃热量负担太大。

缸子肉

缸子肉是一道新疆小吃。缸子肉可以被理解为新疆清炖羊肉的微缩版。缸子肉用的"缸子"就是二十世纪六七十年代出生的人记忆中喝水的"搪瓷缸",每个缸子中只放一块肉、两三块胡萝卜及几颗葡萄干、红枣、鹰嘴豆和枸杞子,盖上盖子后用小火慢慢炖。缸子肉味道香浓、口感丰富,配着馕,就是一顿地道的新疆餐。

主料:羊肉。

辅料:洋葱、黄萝卜、鹰嘴豆、白胡椒粒。

调料:食盐。

制 作 方 法

1. 羊肉切块,洗净备用。**2.** 洋葱切丝,黄萝卜切滚刀块,鹰嘴豆和白胡椒粒洗净,备用。**3.** 搪瓷缸注凉水，放入所有食材，煮开撇去浮沫，开盖炖煮1小时，直至羊肉酥烂（即筷子可轻易扎穿羊肉的状态），加食盐调味即可食用。

1.羊肉切块后，用清水浸泡1小时以上，其间换水1~2次，这样可以有效地去除血水和腥味。2.缸子肉使用简朴的制作方法，吃的是羊肉本身的鲜味，因此对羊肉的要求很高，如果没有新鲜上等的羊肉，慎做。

营养师小建议

1.缸子肉的制作与大盘鸡有明显差异，其调料极简，比较健康。只要控制好羊肉的选材和用量，不要挑太肥的，每餐不超过100克，可以常食。2.缸子肉辅料中的黄萝卜和鹰嘴豆可以用胡萝卜、白萝卜、薏苡仁这些较易获得的食材替代，还可以添加菌菇、红枣等食材，丰富食物品种。3.缸子肉搭配绿叶菜和粗粮主食，是很好的"一人食"菜谱，方便又健康。

甘肃省特色美食

甘肃省地处黄土高原、青藏高原和内蒙古高原三大高原的交汇地带。著名的敦煌莫高窟就在甘肃省，酒泉卫星发射中心也在甘肃省。提到甘肃省特色美食，绕不过兰州牛肉面。这里我就向大家介绍兰州牛肉拉面和奶蛋醪糟。

兰州牛肉拉面

牛肉拉面俗称"牛肉面"，据传最早始于清朝嘉庆年间。甘肃人马六七从河南省的陈维精处习得制作工艺后带到兰州，经陈氏后人陈和声、回族厨师马保子等人的创新和改良后，以"一清、二白、三绿、四红、五黄"统一了兰州牛肉面的标准。

主料：牛肉、拉面。

辅料：牛骨、青蒜、香菜、姜、大葱、白萝卜、红花椒、白胡椒粒、桂皮、八角、小茴香、去籽草果、干香茅草、良姜、山奈。

调料：食盐、鸡精、白胡椒粉、辣椒油。

1.大汤锅内注水,放入牛肉和牛骨,待水开后撇去浮沫。2.香料袋中装入姜片、大葱段、红花椒、白胡椒粒、桂皮、八角、小茴香、去籽草果、干香茅草、良姜、山奈后扎紧投入汤中,去腥增香,调中小火后加盖慢炖2小时。3.炖煮2小时后,取出香料包,捞出牛肉和牛骨,将牛肉切薄片备用。4.在另一口汤锅里注纯水,倒入牛肉原汤,加食盐、鸡精和白胡椒粉调味,制成拉面的汤底,备用。5.大碗内放入煮熟的拉

面，注入牛肉汤，加焯过水的白萝卜片、牛肉片、青蒜、香菜末及少许辣椒油，即可食用。

烹饪小诀窍

1. 牛肉和牛骨需用清水浸泡2小时，其间换水1~2次，去除血水和腥味。**2.** 在完成第一次撇浮沫的过程后，可以向锅中再次注入凉水，等待烧开再次撇沫，如此反复2~3次，直至再无浮沫，此举能确保汤色纯清。

营养师小建议

1. 兰州牛肉拉面最重要的就是牛肉汤。大量的牛肉和牛骨熬制的汤虽然好喝，但是嘌呤含量也很高，痛风患者建议只吃面和牛肉，少喝汤。**2.** 牛肉拉面中最好能搭配2种以上的蔬菜，如菌菇、瓜茄、绿叶菜等，如此搭配才能使营养均衡，食物品种和营养素更丰富。

奶蛋醪糟

纪录片《舌尖上的中国》第一季就出现了奶蛋醪糟的身影。奶蛋醪糟以前是甘肃临夏回族人民很平常的传统小吃,后来传入兰州,做得最好、最具特色的还是回族人民。回族人民用铜锅煮好牛奶,加入醪糟(南方称为酒酿)和鸡蛋,放入各色干果,制成奶蛋醪糟。后经不断发展变化,这道菜的配料愈加丰富。在兰州的清晨,我们常常能听到"老板,给我来碗醪糟,再加几个洋芋(土豆)包子"这类的话,奶蛋醪糟已经是很多甘肃人除牛肉面之外最常见的早餐选择。

主料:牛奶、鸡蛋、醪糟。

辅料:葡萄干、枸杞、花生米、巴旦木、黑芝麻、白芝麻、食用小苏打。

调料:白糖。

制作方法

1. 雪平锅内注入牛奶，煮至微微沸腾时加入 2 克左右的食用小苏打，然后加 3 汤匙左右的醪糟，搅匀继续加热。2. 待奶液再次微微沸腾，开始冒出小泡，顺时针缓缓倒入打匀的鸡蛋液，然后立即关火，余温会将蛋液煮熟。3. 添加白糖、葡萄干、枸杞、花生米、巴旦木、黑芝麻、白芝麻等材料，即可食用。

烹饪小诀窍

1. 煮牛奶时要用中小火，不然牛奶快煮开时容易溢出锅子。2. 煮奶过程中需要不断搅拌，防止粘锅，只在注入蛋液时暂停搅拌。

营养师小建议

1. 这是一道营养丰富的甜品,远比市售的珍珠奶茶健康。如果大家要喝下午茶的话,我推荐奶蛋醪糟。2. 牛奶中的蛋白质与醪糟中的酸性物质发生化学反应后会凝结,因此需要小苏打这类碱性物质中和酸性物质,避免凝结。3. 食材中的花生需要注意新鲜度,不新鲜的花生含黄曲霉毒素,这是致癌物质。我们也可以用核桃、腰果代替花生。4. 我们还可以在这道甜品中添加薏苡仁、大麦仁,使其成为一道更健康的早餐。

内蒙古自治区特色美食

内蒙古自治区土地辽阔、资源丰富,牧场尤其出色。"天苍苍,野茫茫,风吹草低见牛羊"描述的就是现在的山西、内蒙古一带。著名的呼伦贝尔大草原是内蒙古的骄傲,也是优质马匹和牛羊的产地。蒙古族人把羊肉、奶作为食物原料,崇尚用料实在,注重原料的本味。在这里我为大家介绍"德兴源"烧卖和蒙古馅饼。

"德兴源"烧卖

"德兴源"坐落在内蒙古呼和浩特市旧城大西街路南,是一家以茶点为主营项目的茶馆,其制作的羊肉烧卖久负盛名。"德兴源"烧卖的制作有一整套操作技艺:和的是硬面;要将上等羊肉剔除筋皮,切成

碎末后再调味成馅；要包成石榴状，急火蒸熟。

主料：高筋面粉、羊肉。

辅料：大葱、姜。

调料：食盐、芝麻油、白胡椒粉、花椒粉、茴香粉、鸡精。

制作方法

1. 大钢盆中放300克高筋面粉，加3克食盐和130毫升左右的冷水，和成硬面，加盖饧面20分钟。

2. 羊肉切成小丁，加入葱白碎、姜末、食盐、白胡椒粉、花椒粉、茴香粉、鸡精和少量清水，搅拌均匀，再加芝麻油拌匀，制成肉馅备用。**3.** 面醒完后，搓成条，50克面切成均匀的八份面团，用擀面杖擀成较手掌稍大的烧卖皮。**4.** 将皮子放在一只手的掌心，用另一只手将羊肉馅放入皮中，用持皮的虎口收缩荷叶花边，收成石榴状，放入蒸笼备用。**5.** 蒸锅上汽后开始蒸烧卖，大约 10 分钟后关火，静置 2 分钟，开盖即可食用。

1. 和面加水过程必须分 3~4 次，每加一次水就搅匀，使盆中分批出现絮状面团。**2.** 羊肉需去皮和筋膜后再切成小丁，也可以直接绞，虽然会损失些口感，但是节省时间。**3.** 葱白和芝麻油最好先搅拌，等包烧卖时再加入肉馅中，这样葱香更浓郁。**4.** 擀烧卖皮时，可在案板上撒玉米淀粉，防止皮子粘连。擀好的皮应放入陶盆内，用拧干的湿笼布盖好，醒 10 分钟后再用。

营养师小建议

1. 这款烧卖是纯肉馅的，建议可以添加切成末的菌菇、马蹄、茭白等，增加食材品种的同时，控制蛋白质和脂肪不超量。**2.** 食用烧卖时最好搭配一份白灼绿叶菜，再加一份豆制品，这样一餐营养就比较均衡。

蒙古馅饼

蒙古馅饼是一种风味面食,据说已有300多年的历史。其最早是以当地特产的荞麦面制皮,以牛羊猪肉为馅,采用干烙水烹的方法制成。中国北方有句俗语叫"好吃不过饺子",蒙古族也有句俗话叫"好吃不如馅饼"。如果你到蒙古族家庭做客,他们可能会将馅饼这种面食作为最好的饭食来招待你,因为在他们看来馅饼和饺子是同等地位的。

主料:高筋面粉、去皮猪腿肉、去皮羊肉、去皮牛肉。

辅料:时令蔬菜。

调料:植物油、食盐、花椒面。

制作方法

1. 大钢盆中放500克高筋面粉,加入400毫升左右水和面,稍饧后备用。2. 去皮、去骨的猪、牛、羊肉切成末,加入时令蔬菜末,再加食盐

和花椒面调味,搅拌制成馅料。3. 将面团放在案板上,搓成粗条,切成大小一致的10块坯子。将坯子按成圆饼,放在掌心。这一步骤称为"包饼"。把馅放在饼心,慢慢拢口。包成后用手慢慢拍平,用刀翻面备用。4. 烙锅烧热后,用少量油将锅擦光滑,贴上馅饼熟制。5. 把烙好的馅饼,放在锅内四周。擦去锅里的面渣,在锅底放一勺油,烧热后,将馅饼放入油中。馅饼两面被煎黄后,即可装盘食用。这一步骤称为"走油"。

1. 夏季用凉水和面,冬季用温水和面。白面一

般用凉水，荞麦面宜用温水。**2.** 和面加水过程必须分3~4次，每加一次水就搅匀，使盆中分批出现絮状面团，然后再和成面团。**3.** 时令蔬菜经水焯后放入凉水中冷却，攥干水分，剁成细末，如此能确保馅料不会过稀。**4.** 100克清水加入75克植物油中，然后逐渐拌入馅中，如此馅料才有汤汁。**5.** 烙饼开始时火力要大，接近熟时改用微火。经三翻两烙后，饼皮鼓起即熟。

营养师小建议

1. 蒙古馅饼包含了主食、肉制品、蔬菜，营养比较全面，只是馅料中的蔬菜含量不会太多，因此建议单独增加蔬菜和菌菇，确保蔬菜摄入量。**2.** 走油的步骤会吸收较多油脂，因此食客可以在烙熟后就食用，减少脂肪摄入。**3.** 馅料中的肉类尽量挑选瘦肉，拌馅料可以用橄榄油、核桃油，增加单不饱和脂肪酸。

西藏自治区特色美食

西藏自治区位于青藏高原西南部,素有"世界屋脊"之称。全球海拔最高的珠穆朗玛峰就在西藏自治区,那里还有美丽的雅鲁藏布江和布达拉宫。农作物方面,全区有青稞、小麦、玉米、油菜、豆类等,其中青稞是当地人独特的主食,当地人还会将其制成青稞酒。因西藏的食材较难获取,这里只介绍职工餐厅自制的青稞司康。

青稞司康

青稞司康以青稞为主要原料,经过精细的制作工艺,呈现出金黄色的外观,口感外酥内软。

主料: 青稞粉、中筋面粉、黄油、鸡蛋、牛奶。

辅料: 泡打粉、白砂糖。

调料: 食盐。

制作方法

1. 50克青稞粉与150克中筋面粉混合,过筛备用。2. 中筋面粉中加入5克泡打粉、50克白砂糖和2克食盐,搅匀后加入50克黄油,将中筋面粉  和黄油揉捻均匀,使它们呈现小颗粒状态。3. 黄油面粉颗粒中加入半个鸡蛋的全蛋液和90毫升牛奶,用筷子搅拌成松软状态的面团。4. 将面团转移到案板上,用擀面杖将面团擀成1.5~2厘米厚的面饼,用圆形模具加工出小面团。将小面团放在烤盘内,表面刷全蛋液,备用。5. 烤箱上火200℃、下火180℃预热15分钟,再放在烤箱中层烤15分钟左右,取出即可食用。

1. 白砂糖最好选用细白砂糖,不选用普通白砂糖。2. 黄油需要是冷冻状态。3. 鸡蛋需要在冷藏温度下打

成蛋液，牛奶也要低温。**4.** 擀面团时尽量不用手接触面团，避免面团升温。**5.** 整个制作过程需要尽量降低面团的温度，确保成品效果。

营养师小建议

1. 人类的基因喜欢甜食，它能让人有幸福感。但是过量的甜食会让人变胖，升高甘油三酯，同时也易引起细胞炎症。所以请自觉控制甜食摄入量，《中国居民膳食指南（2022）》建议成年人每日添加糖摄入量应控制在25克以下。**2.** 每周只吃一次甜食，喝一次甜饮料。这样既得到了幸福感，又不至于增加身体负担。

青海省特色美食

青海省因有国内最大的内陆咸水湖——青海湖而得名。青海省还是长江、黄河、澜沧江的发源地,故被称为"三江源",素有"中华水塔"之美誉。青海省的饮食口味具有浓郁的高原特色和民族风格,很好地将民族古风乡俗和边塞风情融为一体。源自内地的食品,经青海人民的创造和改良,也融入一种浓厚的高原气息。这里我将为大家介绍青海省特色美食中的酸辣里脊和清蒸牛蹄筋。

酸辣里脊

湟源酸辣里脊是青海"老八盘"中的一道菜,一般被安排为第一道热菜,可见其地位之高。这主要还是得益于它好听的名字,里脊谐音"利吉"。当然菜肴口味佳也是这道菜受人欢迎的关键,其需要精选上等牛里脊肉，去筋膜腌入味，调制正宗西北"酸辣"口味的酱汁烹制而成。酸辣里脊还被评为"青海十大名菜"之一。

主料：牛里脊肉。

辅料：葱、姜、蒜、干辣椒段、青红椒段、蒜苗段、木耳、鸡蛋。

调料：植物油、食盐、鸡精、白胡椒粉、花椒粉、绿豆粉、香醋、淀粉。

制 作 方 法

1. 将牛肉里脊肉切成比骰子大的粒，加入食盐、白胡椒粉、花椒粉、鸡精、鸡蛋、植物油腌制入味，备用。

2. 绿豆粉中加入水调匀成糊，倒入腌制好的牛肉粒中拌匀挂糊，备用。
3. 锅内倒油，油温至180℃左右时下入牛肉粒，炸至牛肉粒呈金黄色时捞出控油。待油温升至220℃以上

时,复炸牛肉粒,炸至其呈微微焦黄色,捞出控油,备用。**4.** 锅内留底油,下入葱、姜、蒜末和干辣椒段爆香,然后放青红椒段、蒜苗段、木耳稍微翻炒后注水,加食盐、白胡椒粉、鸡精调味,煮开后加香醋,水淀粉勾芡后加入牛肉粒,翻炒均匀出锅即可食用。

烹饪小诀窍

1. 牛里脊肉最好去掉皮和筋膜,虽然会有些浪费,但是口感更好。**2.** 绿豆粉和水的比例是1:1。**3.** 牛肉粒下入油锅时需要均匀散开,不要一次下入很多,可以分批,不然容易粘连。**4.** 出锅前可以再淋少量香醋,口味更好。

营养师小建议

1. 这是一道下饭菜,牛里脊肉属于高蛋白、低脂肪的优质食材,食客只要控制碳水化合物不超量就可以。**2.** 居家操作建议可以用平底锅煎熟牛肉粒,减少油脂摄入量。**3.** 配菜可以增加芦笋、黄瓜、茭白之类的蔬菜,增加食物品种。

清蒸牛蹄筋

清蒸牛蹄筋是青海省回族人民筵席中常见的特色菜肴之一。青海人有句俗话："牛蹄筋，味道赛过参。"但其实海参和蹄筋这两个食材自身都没有太强烈的味道，食材新鲜的情况下全靠烹饪和调味。回族人民对加工牛蹄筋经验丰富，在清真饭馆里清蒸牛蹄筋被列为地方风味菜。

主料：牛蹄筋。

辅料：葱、姜、蒜、香菜。

调料：食盐、白胡椒粉、花椒粉、生抽、黄酒。

制 作 方 法

1. 锅内注水，加葱段、姜片、黄酒后放入牛蹄筋，煮熟，取出备用。
2. 煮熟的牛蹄筋放入大碗中，蒸锅上汽后蒸到软烂。
3. 蒸完后取出牛蹄筋，将其切成容易入口的条状，加白胡椒粉、花椒粉、

食盐、生抽拌匀，再上笼锅蒸到料味渗入蹄筋内出笼装盘，撒上香菜末和少量熟蒜蓉，即可食用。

烹饪小诀窍

1. 牛蹄筋中的腥味不易去除。要减少其中的腥味首先是需要选择新鲜的食材，其次在煮牛蹄筋时可以加些花椒去腥增香。2. 牛蹄筋不易入味，第一次蒸牛蹄筋时就可以加入葱、姜、食盐、白胡椒粉、桂皮、花椒粉，入底味的同时去腥。3. 可以取蒸牛蹄筋的汁水，调味勾芡后淋在菜肴上，增加菜肴整体口感。

营养师小建议

1. 牛蹄筋富含胶原蛋白,但是仅从蛋白质角度而言,它质量不高,用营养学术语说叫非完全性蛋白质。其营养价值比乳清蛋白、大豆蛋白、肌肉蛋白、鸡蛋蛋白要低得多。如果需要补充蛋白质,请吃低脂肪含量的肉,红肉、白肉都可以。2. 牛蹄筋配菜可以再丰富些,比如添加菌菇类、冬笋、豆腐干等耐蒸的食材,增加食物种类。

宁夏回族自治区特色美食

宁夏回族自治区是我国五大少数民族自治区之一，回族人居多，素有"塞上江南"的称号。红军万里长征的会师地之一就是宁夏。宁夏还有"中国长城博物馆"之称，从战国长城到明长城的古长城遗址在宁夏都有分布。宁夏银川平原黄河两岸的滩地是久负盛名的滩羊出产地。此处我就为大家介绍以羊肉为主的菜肴——清蒸羊羔肉和烩羊杂。

清蒸羊羔肉

清蒸的方式能最大程度保持食材的形态和原汁原味，但是对食材的要求极高，不是什么羊肉都适合这种烹饪方式。宁夏的滩羊号称羊肉界的"劳斯莱斯"，羊羔肉细嫩鲜美,没有膻味,选料以胸叉(羊前胸、两前腿之间)和上脊骨部位最佳。其曾被评为"中国菜"之"宁夏十大经典名菜"。

主料: 羊肉。

辅料: 大葱、姜。

调料: 植物油、食盐、鸡精、花椒粉、白胡椒粉、生粉。

1. 羊肉切小块,洗净备用。2. 羊肉中加入食盐、鸡精、花椒粉、白胡椒粉、生粉及葱、姜末,淋热油后拌匀腌制,装碗备用。3. 蒸锅上汽后,放入整碗羊肉,蒸1小时以上,开盖出锅,即可食用。

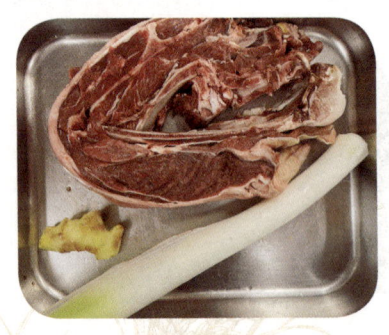

1. 羊肉切块后,最好用清水浸泡1小时,其间换

1次水,有效去除血水和腥味。2.这道菜首选使用胡麻油或菜籽油。3.蒸羊肉的碗最好加盖,避免蒸汽水流入羊肉,冲淡了菜肴的滋味。

营养师小建议

1.这是一道纯肉菜,有满满的蛋白质和脂肪,建议多人共食,这样不容易超量食用。2.菜肴中可以添加胡萝卜、白萝卜、杏鲍菇、香菇等蔬菜,平衡营养,增加食物品种。3.搭配的主食最好是粗粮,增加膳食纤维。

烩羊杂

烩羊杂是一道著名的回族风味小吃,又称"羊下水"。在我国馔食中,有"下水不上宴"之俗,直至清代继"满汉全席"之后兴起的"全羊席"让此种观点有所转变。此菜是由羊的头、蹄、血、心、肝、肺、肠、肚等羊副产品经处理混合烩制而成的一种地方传统美食,风味独特。宁夏各地都有制作,以吴忠市的最负盛名。烩羊杂有乳白色的鲜汤,食客喝一口鲜汤再吃一口羊杂碎,不腻不膻,味道香醇浓郁。

主料: 熟羊肝、熟羊肺、熟羊肠、熟羊心、熟羊肚。

辅料: 葱、蒜苗、香菜。

调料: 食盐、白胡椒粉、花椒粒。

制 作 方 法

1. 将所有熟羊内脏切成小块、小条,装碗备用。2. 汤锅内注水,将熟羊内脏投入汤中,加白胡椒粉和花椒粒去腥,汤沸腾后撇去浮沫。3. 待汤微微泛白,香气飘散,加食盐、蒜苗末、香菜末,撒葱花,出锅即可食用。

烹饪小诀窍

1. 如果想要烩羊杂好吃,最好提前用羊棒骨熬羊汤。在煮羊杂时加入羊肉,烩羊杂更美味。**2.** 烩羊杂最好搭配羊油辣子,家庭制作时可以购买商品化的羊油辣子。

1.内脏的胆固醇含量通常都是非常高的,不建议经常吃,偶尔吃一次尝鲜就可以了。2.痛风患者和血脂高者需要绝对禁食烩羊杂,因其嘌呤和脂肪含量太高。3.建议增加蔬菜一起炖煮,如菌菇或者萝卜类,减少内脏用量。

后记

本书是我在工作之余慢慢写成的,将自己身为"吃货"的喜好、作为营养师的认知融入书里。这是我第一次写书,深刻感觉到写作是个自我提升的过程。从一开始的不知如何下笔,到慢慢建好思路、理顺结构、收集材料、下笔成文,思绪仿佛破壳而出,让我最后能够完成这个作品。在此我要特别感谢厨师等伙伴们,是你们全力协助我完成本书。

因本人认知与见识的局限,未能到全国各地深入探查一番,对各地的饮食文化理解有限,多是纸上谈兵,流于浅薄,书中肯定有不少疏漏谬误之处,还请读者不吝指正。谢谢!